国家自然科学基金-新疆联合基金(U2003133)资助
霍英东教育基金会高等院校青年教师基金(171102)资助
国家重点研发计划项目(课题)(2023YFC2907701)资助
秦创原引用高层次创新创业人才项目(QCYRCXM-2023-054)资助

低阶烟煤显微组分结构特征参数解析及其含量预测

李　振　赵　凯　张怀青　赵　伟　著

中国矿业大学出版社
·徐州·

内 容 简 介

本书主要介绍了四种低阶烟煤，即神府大保当煤、准东南露天煤、准东红沙泉北露天煤、准东五彩湾煤，通过浮沉离心法分离出不同含量的煤岩显微组分。利用傅立叶变换红外光谱分析(FTIR)、X射线衍射分析(XRD)、X射线光电子能谱分析(XPS)、13碳核磁共振(^{13}C-NMR)等技术获得谱图数据，并进行分峰拟合计算其特征参数。同时，建立显微组分含量与特征参数的多元回归模型，总结其内在联系，实现煤岩显微组分含量的预测，并探讨不同煤岩显微组分的分子结构特征与其含量的关系。

本书适合研究煤岩显微组分分离、分析及其在煤气化、液化、热解等领域应用的读者阅读。

图书在版编目(CIP)数据

低阶烟煤显微组分结构特征参数解析及其含量预测 / 李振等著. —徐州：中国矿业大学出版社，2024.2

ISBN 978-7-5646-6180-9

Ⅰ. ①低… Ⅱ. ①李… Ⅲ. ①烟煤—煤岩—显微组分—分子结构②烟煤—煤岩—显微组分—含量—预测 Ⅳ. ①TQ530

中国国家版本馆 CIP 数据核字(2024)第 053909 号

书　　名　低阶烟煤显微组分结构特征参数解析及其含量预测

著　　者　李　振　赵　凯　张怀青　赵　伟

责任编辑　褚建萍

出版发行　中国矿业大学出版社有限责任公司

(江苏省徐州市解放南路　邮编 221008)

营销热线　(0516)83885370　83884103

出版服务　(0516)83995789　83884920

网　　址　http://www.cumtp.com　**E-mail**:cumtpvip@cumtp.com

印　　刷　江苏淮阴新华印务有限公司

开　　本　787 mm×1092 mm　1/16　**印张** 7.5　**字数** 192 千字

版次印次　2024 年 2 月第 1 版　2024 年 2 月第 1 次印刷

定　　价　45.00 元

(图书出现印装质量问题，本社负责调换)

前　言

随着煤炭行业的高质量发展，煤炭的高效、清洁转化利用成为研究的热点。不同煤岩显微组分的分子结构决定了煤炭燃烧、气化、液化等过程中的转化效率，所以，煤岩显微组分对煤炭转化过程的影响越来越被重视。煤作为一种复杂的混合物，无论是研究其完整的物理结构还是化学结构都是极具有挑战性的。关于细粒煤显微组分含量的检测一直是煤岩显微组分解离的研究基础，也是推进煤岩显微组分研究的关键技术，但细颗粒（<0.1 mm）占比太多会导致无法辨别镜下组分，从而无法有效统计显微组分含量。

本书从煤岩显微组分的物理、化学结构出发，主要内容涉及煤的化学结构解析和表面官能团解析，物理结构中碳骨架结构和微晶结构的解析，以及多元回归等方面的分析。其中煤的化学结构和表面官能团的解析主要依托傅立叶转换红外光谱和X射线光电子能谱测试，物理结构中碳骨架结构和微晶结构的解析主要依托13碳核磁共振和X射线衍射分析。通过以上4种测试技术得到的谱图数据，进行分峰拟合计算其特征参数，建立显微组分含量与特征参数的多元回归模型，并总结其内在联系，实现煤岩显微组分含量的预测。最后构建典型煤样的大分子模型及聚集态结构模型，进一步从微观层面揭示其内在联系。这些研究结果可为当前不同煤岩组分的分子结构充实大量有价信息，为理解其之间构效关系进行了重要的补充，对预测其反应性等方面也提供了的理论研究基础。

感谢原煤炭工业部副部长、中国煤炭工业协会原会长、煤炭工业技术委员会主任王显政教授级高级工程师，加拿大皇家科学院和工程院院士，中国工程院外籍院士、南方科技大学徐政和教授，中国工程院院士刘炯天教授，中国工程院院士、西安科技大学王双明教授，西安科技大学王宏教授，国家能源集团宁夏煤业有限责任公司朱长勇教授级高级工程师，中国矿业大学段晨龙教授，西安科技大学周安宁教授，感谢他们与著者进行了有益讨论，并提供了重要的建议和修改意见。同时，感谢西安科技大学、中国煤炭工业协会、中国煤炭学会、中国矿业大学出版社、煤炭行业煤岩组分分质及低碳清洁利用工程研究中心、自然资源部煤炭资源勘查与综合利用重点实验室、国家能源集团宁夏煤业有限责任公司、陕西新能选煤技术有限公司、新疆大学、Oil Sands and Coal Interfacial Engineering Facility(University of Alberta)等单位的大力支持和帮助。

感谢国家自然科学基金-新疆联合基金(U2003133)、霍英东教育基金会高等院校青年教师基金(171102)、国家重点研发计划项目(课题)(2023YFC2907701)、秦创原引用高层次创新创业人才项目(QCYRCXM-2023-054)在本专著出版时提供的资助。

在写作过程中,参考或引用了国内外诸多专家学者的文献、研究成果,已一并列于参考文献中,在此表示真挚的感谢和敬意。如有遗漏,当属作者疏忽,敬请指正。

目前,细粒煤的显微组分含量检测尚未形成成熟的技术。由于著者水平有限,书中难免有不足、缺漏之处,恳请广大读者不吝赐教,以便在后续的研发与汇报中及时更正。

著　者

2024 年 2 月

目　录

第1章 绪 论

1.1 低阶煤资源利用特点

我国煤炭资源丰富，煤炭的利用率已达到58%左右。无论是在煤化工还是煤炭的高附加值利用方面，煤炭都有广泛的应用，使我国成为世界上的煤炭大国[1]。据专家预测，到2050年，我国的煤炭能源消费量虽然比例下降，但仍然是第一大能源。煤炭资源的广泛消耗和利用是一把双刃剑，虽然能带来较高的经济效益，但随之伴生的环境污染和资源日益枯竭的问题亟待解决。因此，煤炭的清洁、高效利用变得至关重要。

《中华人民共和国国民经济和社会发展第十三个五年规划纲要》中明确规定，将煤炭清洁高效开发利用作为能源转型发展的立足点和首要任务，为煤炭行业转变发展方式、实现清洁高效发展创造了有利条件[2]。在《中华人民共和国国民经济和社会发展第十四个五年规划和2035年远景目标纲要》中又提出了新的科技创新目标，围绕三大煤炭基础理论，即煤炭绿色智能开采、煤矿重大灾害防控以及煤炭清洁高效转化开展研究[3]，其中煤炭清洁高效转化对于减少污染、保护环境具有重要意义[4,5]。

古植物在适宜的地质环境下，经过漫长岁月的煤化作用而形成的生物岩石称作煤，但是由于成煤植物本身性质不同，以及在成煤的反应过程中的物理、化学作用不同，煤在显微镜下显示出不同的岩相组成[6]。植物的不同部位在长时间的煤化作用下会形成三种有机煤岩组分，即镜质组、惰质组和壳质组，一般来说，镜质组和惰质组的含量较高，而壳质组在煤中的含量相对较低[7]。不同煤岩组分在煤炭转化过程中，例如煤炭气化、液化等主要手段，对其产生了不同的积极或消极作用[8]。惰质组含量较高一般会导致煤炭及其成品的黏结性较差，对水煤浆的成浆性也有显著的消极作用[9]。许多学者指出在液化的过程中，镜质组、惰质组和壳质组对液化反应性区别较大，镜质组和壳质组对其过程有较好的促进作用，称为液化活性组分[10]，而惰质组难以液化，称为惰性组分。若煤中含有较高含量的惰质组会使煤液化后性能变差。除此之外，惰质组含量较高也会导致煤的燃点变低等[11-13]。由此可见，煤岩显微组分在工业上有着广泛的应用，无论是煤化工产业，例如煤的气化、液化、燃烧、煤制水煤浆、煤制油，还是煤的炼焦产业都有极其重要的影响。

尽管在宏观方面煤岩组分对于其各个反应的影响都有了一定的研究进展，通过煤岩显微组分对不同反应性进行解释也取得了一定的成果，但煤岩显微组分内部紧密联系的研究仍未真正深入。在研究煤性质的过程中，必须探讨煤岩显微组分之间的差别以及细微联系。因此基于煤岩组分的性质，研究煤的综合高效利用势在必行。

基于煤岩显微组分之间存在的性质差异，本书从宏观和微观角度共同出发，深入了解和研究其内部存在的细微关系，了解煤的生成起源和分子结构。这对预测煤的反应性，实现煤的高效清洁利用和高附加值转化具有重要意义。

1.2 煤岩显微组分主要研究方法

1.2.1 煤岩显微组分分离关键技术

探索不同煤岩显微组分的物理、化学性质的基础在于分离出不同含量的煤岩显微组分。由于不同煤岩显微组分的物理性质、化学性质以及物理化学性质各异，通常将分离方法分为物理方法、化学方法、物理化学方法[14]。所选用的方法需要尽可能减小对煤岩显微组分结构、性质的影响。化学法一般是指使用浓硫酸、浓硝酸等强氧化剂进行分离的方法，这些强氧化剂一般会使镜质组发生氧化，改变其本身的性质，从而导致其物理、化学性质的改变，进而使试验的准确性降低。所以只有少部分研究试验中采用化学方法进行分离富集煤岩显微组分[15]。

物理法主要是利用煤岩显微组分之间的物理性质差异进行分离的方法，包括手选法、静电分选法、筛分法和比重法。手选法主要基于镜质组和惰质组之间显著的光泽差异[16]，可以通过肉眼轻易分辨出镜质组或者镜煤(宏观煤岩组分)，但是此种方法依赖于操作人员的经验和水平，且效率较低，不适用于处理量较大的情况。筛分法是通过破碎的方式，根据不同煤岩显微组分的破碎特性而进行分离的方法，但此法得到的煤岩显微组分纯度较低，所以也未大范围普及。比重法是目前应用最广泛的方法之一，其准确性和适用性得到了普遍的认可。比重法是利用煤岩显微组分之间的密度差异进行分离的方法，一般认为，惰质组密度最大，镜质组次之，壳质组最小。物理化学法特指浮选法，有学者证明各煤岩显微组分的可浮性不同，壳质组最好，镜质组次之，惰质组最差。利用浮选法分离也会得到较高的分离效率。由于本次试验中使用比重法进行分离煤岩显微组分，所以重点介绍此方法。

Zetzsche 在 1928 年最早开始进行富集煤中壳质组的研究，之后的几年内又陆陆续续地进行了多项有关研究，Sqrunk 和 Macrae 分别在 1938 年和 1943 年也相继开展了煤中壳质组的富集工作，研究了壳质组中的元素组成及相关性质，Alpern 等在 1954 年分离富集了鲁尔矿区煤样的煤岩显微组分，得到了较为纯净的单组组分，通过检测分析，结果表明其密度、元素组成、表面性质都有较大的区别，惰质组密度最大，其次是镜质组，壳质组的密度最小，为煤岩显微组分的研究奠定了坚实的基础。基于煤岩显微组分的密度差异，在 1956 年 Kröger 利用不同密度的重液通过浮沉试验分离出了煤岩显微组分单组分，也印证了 Alpern 的试验结果，在此理论的基础上，Dormans 在 1957 年根据图 1.1 所示的分选流程分离和富集出了纯度达 95%以上的单煤岩显微组分，奠定了煤岩显微组分重液分离的基础[15]。

而后在 1981 年至 1984 年间，Dyrkacz 等[17,18]深入研究重液分离法，开发出了等密度梯度离心法(DGC)分离煤岩显微组分，其分离流程如图 1.2 所示，并总结出了其分离的五个步骤：煤岩显微组分的充分解离，矿物质的剔除，煤岩显微组分的润湿和分散，煤岩显微组分的分离，煤岩显微组分的分开。虽然此种方法得到的产品纯度高，优于其他浮沉方法，但是其处理量较小，每次只能处理 2.00 g 的物料，得到的产品量更少。由此，利用比重法分离煤岩显微组分的研究层出不穷。

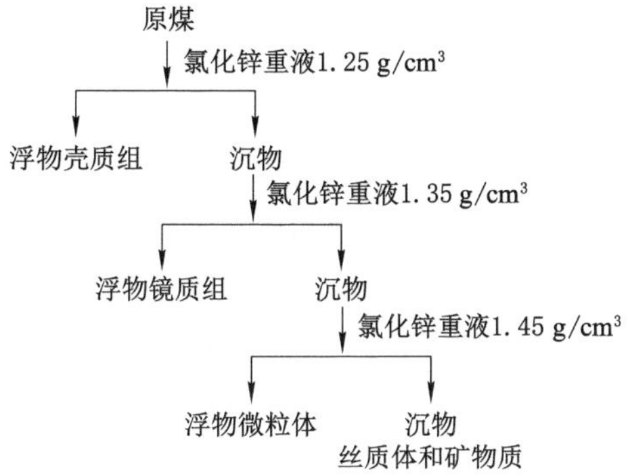

图 1.1　煤岩显微组分的分离富集流程

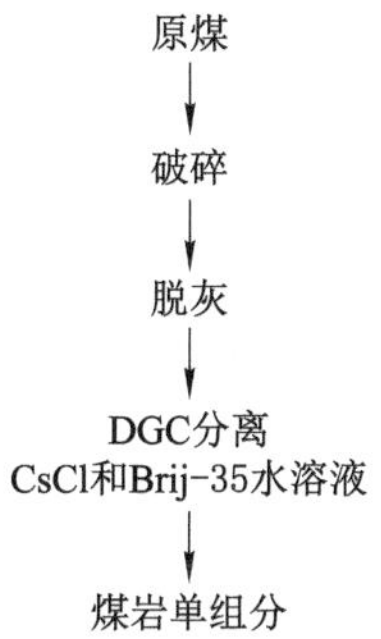

图 1.2　煤岩显微组分的 DGC 分离流程

1.2.2　煤岩显微组分结构现代分析测试方法

煤岩显微组分的分析是研究其性质的基础，测定煤岩显微组分是一项非常重要的技术。根据各组分之间的性质，如透光性、透光色、反射率、反射色、结构、突起、荧光性、各向异性、硬度以及密度等差异，煤岩显微组分的测定方法分为以下三类。

（1）国标数点法

在 GB/T 8899—2013[19] 中明确规定了数点法（PCA）的操作标准和适用规范。该法也是使用最多、应用最广泛的测定方法，其优点是不受限于任何条件，适用于任意煤种，其工艺流程是首先用褐煤、烟煤或者无烟煤的煤粉制作煤岩光片，并将煤岩光片置于反射偏光显微镜下，在单偏光或不完全正交偏光下，根据煤岩显微各组分之间的颜色、形态、透光率等差异，在能准确识别煤岩显微组分和矿物的基础上，通过数点法进行煤岩显微组分计数，每一个点代表一个煤岩显微组分，每个煤岩光片应保证有 500 个有效监测点布满全片，并根据统计的结果和有效点的总比例计算得出煤岩显微组分的体积百分数，据此得到煤岩显微组分的含量。此种方法精准，代表性较强，但是对于操作人员的操作要求较高，对煤岩显微组分的识别能力要强，不同的操作人员的识别经验不同，在主观上可得到不同的识别结果，因此受到人为因素的影响较大，除此之外，若煤粉的细粒物含量较多也无法检测，煤岩光片中

−0.1 mm 的含量应不超过总含量的 10%，并且不能舍去，所以针对微细粒以及超细粒的物料限制较大[20]。

（2）图像分析法

国标数点法对操作人员在煤岩显微组分识别方面的要求较高，对煤岩学的专业性要求较强。为了减少主观性带来的测试误差，国内外众多学者提出了利用图像分析法测定煤岩显微组分的含量，建立煤岩显微组分和图片灰度之间的关系，并开发出多种自动识别技术[21]。

20 世纪 70 年代末，Davis 等[22,23]结合显微光度计和自动物台，利用镜质组、惰质组和壳质组之间的反射率差别设计出一种自动测试系统，能有效辨别煤中有机组分和黄铁矿。然而，反射率的灵敏度对于煤岩显微组分的测定存在一定限制，并伴随着一定的误差。随着图像处理技术、反光显微镜以及显微照相机的发展[24,25]，利用图像分析法进行煤岩显微组分的自动测定技术迅速发展，并逐渐取代了传统的显微光度计测定技术。经大量研究，发现灰度图像中获取的信号与被测物的反射光线存在对应关系[26]，根据反光显微镜和显微照相机所处理得到的煤岩显微组分图像，可以获得煤岩显微组分的反射率和其余形态学参数，从而精准鉴定煤岩显微组分。1983 年 Riepe 等[27]设计了一种自动煤岩检测系统（TAZ），检测了同一种煤的煤岩显微组成，并和反射率测量法和数点法两种检测手段的结果进行比较，结果显示三种方法的检测结果比较吻合，说明该方法开发得较为成功。此种方法主要是通过不同煤岩显微组分的灰度不同进行检测。一般情况下，壳质组呈黑色，镜质组呈灰色，惰质组在灰色到白色之间，但是该方法的最大限制在于壳质组和制样所使用的虫胶和树脂不易区分，导致结果会出现一定的偏差。1994 年和 2002 年，Lester 等[28,29]针对此种图像分析法的缺陷，开发出了一种之前灰度系统无法做到，可以区分脂钛矿和树脂的系统，并对比了世界各地物种不同岩性的煤的煤岩检测结果，结果表明，煤岩显微图片中的各个组分能被较好地识别和检测，同时对比数点法的结果，得到了较为一致的结果，满足了识别标准。随着能够处理多色图像的彩色图像分析系统（CIA）的发展，David 等[30]将此技术应用到煤岩组分的图像识别中。每个煤岩显微组分的颜色组成可以通过三种不同颜色的强度级别来定义，即红色、绿色、蓝色，从而可在较小的诊断阈值内描述煤岩显微组分的特征。对比常规点计数分析（PCA）和 CIAS，对来自荷兰石炭纪煤系的 7 种高至中等挥发性烟煤进行了煤岩显微组分分析。结果表明，CIAS 适用于不同煤阶煤的煤岩显微组分分析。与 PCA 相比，CIAS 时间更短，效率更高。

（3）性质指标法

不同煤岩显微组分中含有不同的官能团，不同变质程度下煤岩显微组分也会显示出不同的结果，它们之间存在紧密的联系。通过建立煤岩显微组分含量和相关性质指标的关系式，当测定此种煤的某种特定性质时，便可得到煤岩显微组分的含量。

段旭琴等[31]以神府低变质程度煤为研究对象，发现煤样的干燥无灰基挥发分与无矿物质基惰质组含量存在线性关系，并建立两者间的关系式：$V_{daf}=-0.163\,7I+42.255$，其 $R^2=0.988$，但是其方程的应用范围较窄，当挥发分变化小煤岩显微组分含量变化大时不适用。谢华等[32]以中国抚顺煤为研究对象，其主要的特点是树脂体含量丰富，由此提出了通过热重分析测定树脂体的含量。段连秀等人以华北石炭-二叠纪煤和侏罗纪煤混煤为研究对象，建立了各煤岩显微组分和配煤中华北石炭-二叠纪煤的配入比例的线性关系，该方法简单，但是只适用于以上两种煤，应用范围窄。

1.2.3 煤岩显微组分结构物理、化学特性

煤是一种复杂的混合物，每一种煤都有独特的理化特性，煤岩显微组分之间存在一定差异，其主要表现在物理结构、性质以及化学组成和性质上，但是不同煤之间又存在着一定的共性和相似的部分。

1.2.3.1 煤岩显微组分物理特性

煤岩显微组分的物理特性一方面体现在其密度、颜色、折射率、孔隙率等宏观表征中。此外，不同变质程度的煤在微观方面也存在差异，各煤岩显微组分的微晶结构亦存在差异。现在公认的研究方法主要包括X射线衍射技术(XRD)和激光拉曼技术。

(1) XRD研究进展

国内外对于煤的XRD研究起步时间不同，国外研究较早，最初只是用来检测其矿物组成，Naik等[33]以印度马哈纳迪盆地二叠纪煤为研究对象，岩相分析显示，镜质组最多(36.17%)，其次是惰质组(32.33%)、矿物质组(17.20%)和脂质组(14.30%)，主要测试了其孔隙率以及矿物组成，煤中的矿物质以浸染状颗粒的形式嵌入煤岩显微组分中，主要包括了辉石、角闪石、黑云母等铁磁硅酸盐以及石英等。但随着国内研究的不断发展，利用XRD研究煤的原生结构的相关研究层出不穷，翁成敏等[34]首先提出煤并不具备晶体质的微晶结构，而是一种过渡晶形，并给出了几个微晶参数的计算方法；宋党育等[35]在2θ角为6°左右首次发现存在新的低矮峰，从此为煤的微晶结构研究奠定了新的基础；张代钧等[36]发现在碳含量为80%～90%时，由于弯曲层片局部的平行堆砌，会出现球状结构的单位，并且随着煤化程度的增大，其微晶结构参数也会呈现一定的变化规律；随着XRD测试技术的迅速发展，姜波等[37]在煤高温高压试验的基础上，对不同煤化程度的煤在变形前后的XRD测试结果进行了研究，受到压力形变后的煤随着煤化程度的增加，其微晶结构参数呈现规律的变化，并发现了镜质组最大反射率和其结构参数有着密切的关系；白何领等[38]深入研究了变形煤的XRD，随着煤阶和变形程度的增加，衍射角逐渐增大，衍射峰也越来越尖锐，堆砌高度L_c和芳香层数N_c在不同煤阶和不同脆性以及不同变形情况下的变化也均呈现不同的规律；周贺等[39]总结前人的经验，深入研究全煤级不同变形条件下的煤微晶结构的变化规律，最终结果表明，弱构造变形煤和强构造变形煤的延展度L_a均高于原生结构煤，构造作用对L_c的增大起到积极作用。

除此之外，基于XRD技术对于煤岩显微单组分的研究也逐渐展开，王丽等[40]富集了其中不同煤阶煤样的镜质组，通过XRD试验发现，随着变质程度的增加，石墨化程度越高，其微晶结构越整齐；罗陨飞等[41]通过对中等变质程度的镜质组和惰质组的研究发现，惰质组的芳构程度较镜质组更高，其排列更加规则。

(2) 激光拉曼技术研究进展

激光拉曼技术也是另一种测试煤炭物理结构的技术，国外研究开展较早，从20世纪60年代开始，由于其对检测样品没有损害、检测效率高、样品量少、分辨率高等特点，而被大量选用。1970年，Tuinstra等[42]首次对比了多晶石墨的XRD微晶参数和拉曼图谱特征，至此，关于激光拉曼技术和煤的物理结构研究便深深关联在一起。之后，Marques等[43]基于XRD技术和激光拉曼技术研究了高变质程度煤和天然石墨之间的微晶结构差异以及其

相关性;Guedes 等[44]以大量不同煤岩显微组分的样品为研究对象,根据拉曼测试结果特征图谱计算其特征参数,随着变质程度的增加,特征参数有着明显的对应关系,也就预示着和煤阶有着明显的相关关系,因此可以用拉曼光谱的特征参数表示煤的煤化程度或成熟度。唐志锟等[45]通过激光拉曼技术表征了不同煤阶的煤样,发现当煤阶逐渐升高时,D_1峰向低波段移动,G峰向高波数段移动,因此其两峰之间的距离褐煤最低,其次是烟煤,最大无烟煤,除此之外G/D_1的峰高比在不同煤阶中也有不同的变化,褐煤最大,其次是烟煤,最小的无烟煤。苏现波等[46]针对不同变质程度的煤,通过激光拉曼技术表征了其变化规律,发现煤中的微晶结构从低阶到高阶是从无序到有序的一个变化过程,低阶煤和高阶煤的微晶结构差别较大,同煤阶下的不同硬度煤的微晶结构也会出现一定差异。

1.2.3.2 煤岩显微组分化学特性

煤岩显微组分的化学特性主要体现在不同的热化学反应性上,这种差异主要源于煤岩显微组分之间的分子组成构成。所以有必要研究煤的大分子结构,了解其成因,解决煤科学领域内的世界难题。其大分子结构的组成通常通过表征其表面官能团和碳骨架结构等方式来体现,主要借助 FTIR、XPS、^{13}C-NMR 等技术进行分析。

其中 FTIR 是目前研究煤的化学结构、表面官能团以及碳骨架最多、最强大、最通用的测试技术之一。研究表明,煤主要由芳香核、脂肪族侧链和一些含氧基团组成,李霞等[47]对低中阶煤的结构演化规律进行探究,结果表明,煤中主要含有脂肪类、芳香族类以及含氧官能团和杂原子等,在镜质组反射率较低时(<0.8%),此阶段中含氧官能团脱落,脂肪族物质迅速富集,镜质组反射率在 0.8%~1.3%时,支链化程度增加,芳香环进行缩合,镜质组反射率持续增大,在 1.3%~2.0%时脂肪类物质断裂,芳环进行缩合形成新的芳香结构。Ping 等[48]利用 FTIR、^{13}C-NMR 等技术构造了上海庙烟煤单镜质组和单惰质组的分子结构,FTIR 技术结果表明镜质组中的醇羟基、酚羟基和醚的含量与惰质组中的含量相似,但惰质组中的羧基含量高于镜质组。Chen 等[49]利用反射显微红外光谱技术研究了不同煤阶中镜质组和惰质组所表现出的分子特征,结果表明,惰质组的芳香度和缩合程度最高,生烃潜力最低。同样,常海洲等[50]根据 X 射线光电子能谱测试(XPS)的结果印证了惰质组中的芳香族结构更多的观点。

1.3 煤岩显微组分结构特征研究

现有的研究证明了煤岩显微组分在宏观上和微观上均有一定的差异。本书选择 4 种典型低阶烟煤,一种来自陕北神府大保当煤矿,一种来自新疆南露天煤矿 32# 不黏煤,一种来自新疆红沙泉北煤矿,最后一种来自新疆五彩湾煤矿,研究其各煤岩显微组分的不同性质。通过破碎磨矿手段使不同煤样中的煤岩显微组分充分解离,再通过离心重液分离法,分离出不同含量煤岩组分的煤样,研究其宏观物理、化学性质,例如各产品的元素组成、灰分、水分、挥发份、疏水性等性质,用国标数点法(PCA)对各产品的煤岩显微组分含量进行检测,探索不同煤阶、不同煤岩显微组分宏观表征之间的联系。并且建立了典型神府煤的大分子结构及聚集态结构模型。

在微观方面,将分离富集出不同煤岩显微组分含量的样品,用 X 射线光谱衍射方法研究其物理结构，通过 X 射线光电子能谱、傅立叶变换红外光谱研究其表面官能团的组成，用13 碳核磁共振研究其碳骨架结构。将得到的图谱进行半定量拟合，得到一系列的特征参数，将特征参数和煤岩显微组分建立关联方程式，描述其不同煤岩显微组分含量和分子结构参数之间存在的内在联系。

1.4 煤岩显微组分特征参数

本书对煤的物理、化学结构分析采用 4 种微观分析检测手段，最终获得相关图谱。因此需要对结果进行进一步的表征，以获得合适的表征参数。本次试验中，全部选用 PeakFit v4.12 软件对获得的图谱进行分峰拟合，将分峰结果进行半定量统计。通过相应的公式计算出相应的表征参数，最后使用 Origin 2021 软件进行绘图。

1.4.1 FTIR 表征参数

FTIR 技术能检测煤中的大多数官能团，是研究煤化学结构的主要研究方法。在不同位置会出现不同官能团的特征峰，不同煤中官能团的种类不同，所含总量也不同，这主要是由于煤在数千万年的演变中，不同类型的煤化过程以及作用时间都会导致煤中表征结果出现差异，因此在长久的研究过程中，规定了某些特征峰以及不同类型特征峰面积的比值代表了某些固定的化学结构，所以在本书的研究中，通过以下定量参数[51,52]描述红外的结果，探索化学结构之间的变化规律。

$$I_1=\frac{(A_{CH_2}+A_{CH_3})_{(2\,800\sim3\,000)}}{A_{C=C}} \tag{1.1}$$

$$I_2=\frac{(A_{CH_2}+A_{CH_3})_{(2\,800\sim3\,000、1\,430\sim1\,460、1\,380)}}{A_{C=C}} \tag{1.2}$$

I_1和 I_2都可以代表总脂肪度，其中的区别在于 I_1是峰位在 2 800～3 000 cm^{-1} CH_2和 CH_3伸缩振动和弯曲振动的吸收峰的总和与芳烃中 C=C 骨架振动吸收峰的比值，I_2还包括了峰位在 1 430～1 460 cm^{-1}和 1 380 cm^{-1} CH_2和 CH_3不对称弯曲和对称弯曲特征峰，总脂肪度越大代表该样品中的脂肪烃的含量越多，生烃潜力越大。

$$I_3=\frac{A_{C=O}}{A_{C=C}} \tag{1.3}$$

I_3代表煤中富氧程度参数，主要是芳香族峰位在 1 700 cm^{-1}的 C=O 的伸缩振动特征峰与峰位在 1 600 cm^{-1}的芳烃 C=C 骨架振动特征峰的比值，其主要代表了有机组分的氧含量多少。

$$I_4=\frac{A_{CH_3}}{A_{(CH_2,CH_3)}} \tag{1.4}$$

I_4是脂肪结构参数，代表的是峰位在 1 380 cm^{-1}的 CH_3对称振动吸收峰与峰位在 1 460 cm^{-1}的 CH_3和 CH_2不对称变形振动吸收峰的比值，主要代表了化学结构中脂肪链的长短，比值越大，脂肪链越短，支链化程度越高。

$$I_5=\left(\frac{R}{C}\right)_u=1-\frac{f_{a(FTIR)}}{2}-\frac{\left(\frac{H}{C}\right)}{2} \tag{1.5}$$

$$f_{a(FTIR)}=1-\frac{C_{al}}{C} \tag{1.6}$$

$$\frac{C_{al}}{C}=\frac{\left(\frac{H_{al}}{H}\times\frac{H}{C}\right)}{\left(\frac{H_{al}}{C_{al}}\right)} \tag{1.7}$$

$$H_{al}=\frac{A_{al}}{a_{al}}=\frac{A_{3\ 000\sim2\ 800}}{746} \tag{1.8}$$

$$H_{ar}=\frac{A_{ar}}{a_{ar}}=\frac{A_{900\sim700}}{686} \tag{1.9}$$

$$\frac{H_{al}}{H}=\frac{H_{al}}{H_{al}+H_{ar}}=\frac{A_{3\ 000\sim2\ 800}}{A_{3\ 000\sim2\ 800}+A_{900\sim700}} \tag{1.10}$$

I_5是煤中芳香结构参数，式(1.6)～式(1.10)是基于I_5的计算公式的补充，是其中与之相关的计算模块。式(1.5)中H/C代表氢碳原子比，$f_{a(FTIR)}$代表芳香度的计算公式，式(1.6)是芳香度的计算公式，其中C_{al}/C代表脂肪碳和总碳之间的比值，式(1.7)是C_{al}/C的计算公式，其中H_{al}/H代表的是脂肪族中氢元素含量与总氢含量的比值，可通过式(1.10)计算得出，而分母中H_{al}/C_{al}代表的脂肪族氢和脂肪族碳含量的特定比值，在计算过程中通常取经验值为1.8。式(1.8)和式(1.9)中H_{al}和H_{ar}分别代表脂肪族中氢含量和芳香族中氢含量的相对含量，式子中a_{al}和a_{ar}代表的是烟煤中峰位在3 000～2 800 cm^{-1}和900～700 cm^{-1}的振动积分值，一般取值为746和686[53]。

$$I_6=\frac{A_{ar}}{A_{al}}=\frac{A_{900\sim700}}{A_{3\ 000\sim2\ 800}} \tag{1.11}$$

I_6可用来表征煤的芳香性和煤阶，代表峰位在900～700 cm^{-1}，也称为指纹区，是芳香族中C—H的振动区域和峰位在3 000～2 800 cm^{-1}脂肪族中C—H的振动区域的比值。

$$I_7=\frac{CH_2}{CH_3}=\frac{A_{2\ 923}}{A_{2\ 954}} \tag{1.12}$$

I_7可用来表征煤中脂肪族侧链多少，代表了峰位在2 923 cm^{-1}的CH_2不对称伸缩振动和峰位在2 954 cm^{-1}的CH_3不对称伸缩振动吸收峰的比值，其主要意义在于确定芳烃链的长度，当比值较大时，说明芳环上CH_2含量越高，则对应的脂肪链就越多。

1.4.2 XRD微晶参数

煤的微晶结构是越来越趋于石墨化的，当煤阶较低的时候，其微晶结构较为模糊，甚至不存在微晶结构，随着煤的变质程度逐渐增大，煤中的结构也越趋于规整，微晶结构逐渐显现，但煤并不属于晶体和非晶体的概念范畴，是一种极其复杂的物质，一般描述其微晶结构的参数主要有4种，包括芳香层间距d_{002}、延展度L_a、堆垛高度L_c以及芳香层数N_c[54,55]，除此之外，在此研究中还引入芳香度f_a-XRD描述煤的微观结构，即

$$d_{002}=\frac{\lambda}{2\sin\theta_{002}} \tag{1.13}$$

$$L_c=\frac{k_1\lambda}{\beta_{002}\cos\theta_{002}} \tag{1.14}$$

$$L_a=\frac{k_2\lambda}{\beta_{100}\cos\theta_{100}} \tag{1.15}$$

$$N_c = \frac{L_c}{d_{002}} + 1 \tag{1.16}$$

$$f_a\text{-XRD} = \frac{I_{002}}{I_{002} + I_\gamma} \tag{1.17}$$

式(1.13)中的芳香层间距 d_{002} 是通过布拉格方程计算的，式(1.14)、式(1.15)是延展度 L_a 和堆垛高度 L_c，均通过谢乐公式[56]计算得出。γ、002、100 分别指的是在拟合过程中三个不同位置峰的名字，在 XRD 分析光谱中，会在 2θ 为 35°之前出现一个“大包峰”，一般通过分峰拟合会出现两个峰位，分别出现在 2θ 为 15°和 23°附近，在 15°附近出现的第一个峰称为 γ 峰，在 23°附近出现的称为 002 峰。超过 35°以后会出现一个低矮峰，大致在 2θ 为 43°时出现，主要反映了芳香碳网层片的大小，表示的是芳环缩合度。其中 λ 为入射波 X 射线的波长，为 0.154 06 nm，k_1 和 k_2 根据谢乐公式分别取 0.89 和 1.84，β_{002} 和 β_{100} 分别是 002 衍射峰和 100 衍射峰的半峰宽，θ_{002} 和 θ_{100} 分别是 002 衍射峰和 100 衍射峰的 Bragg 角，I_{002} 和 I_γ 分别是 002 峰和 γ 带的峰面积[57]。图 1.3 为 XRD 衍射原理图和微晶结构参数代表的意义。

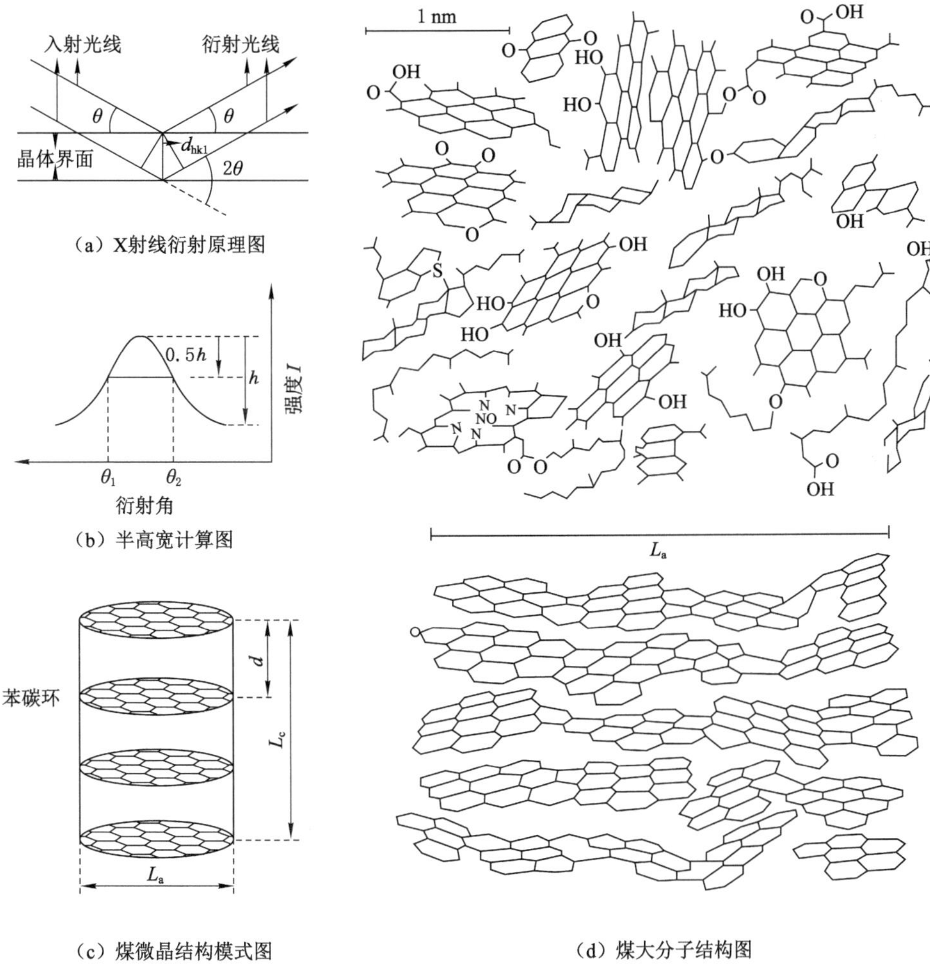

图 1.3　XRD 衍射原理图以及微晶结构参数的意义[58]

1.4.3 XPS 表征参数

XPS 作为一种提供物质化学分子结构及原子价态相关信息的测试技术，被广泛应用于煤的化学结构研究中。不同元素的光谱会提供不同的元素价态信息。针对此研究，利用 XPS 技术主要测试与 C 元素相关的化学结构，能为煤的化学结构提供大量的信息，得到 XPS 的测试图谱后，首先使用 CasaXPS 软件对 C1s 的图谱进行标准校正，C1s 的定标标准为 284.8 eV，后续的分峰拟合也选择 CasaXPS 软件。一般碳存在 4 种形态，分为芳香烃及其取代烷烃（C—C、C—H），一般在图谱中难以分离出来分别分析，故只出现一个峰位，其次还包括 C—O、C═O 以及 COO—三种形态。在 XPS 的分峰拟合结果分析中，不设分析参数，根据不同碳形态的百分比占比进行比较研究。

1.4.4 ^{13}C-NMR 表征参数

13 碳核磁共振分析也能提供大量的碳结构参数，一般此种测试方法被用来构建煤大分子模型，对其具有重要的意义，本书用来研究不同煤阶不同含量煤岩显微组分之间的碳结构的差异，在 13 碳核磁共振中，分子结构主要由脂肪类和芳香类组成，芳香类又分为芳烃类和羰基类，^{13}C-NMR 中不同类型碳对应的化学位移列于表 1.1，^{13}C-NMR 中碳结构参数对应的化学位移列于表 1.2。

表 1.1 ^{13}C-NMR 中不同类型碳对应的化学位移[59]

T 类别	化学位移/10^{-6}	官能团名称
脂肪类	0～22	甲基（$—CH_3$）
	22～35	亚甲基（$—CH_2$）
	35～40	次甲基（—CH）
	40～50	季碳
	50～60	甲氧基（$—OCH_3$）
	60～90	醇、醚（R—O）
芳烃类	90～129	质子化芳香碳
	129～137	桥接芳碳
	137～150	烷基取代芳碳
	150～165	氧接芳碳
羰基	165～190	羧基、脂基
	190～240	酮、醌、醛

表 1.2 ^{13}C-NMR 中碳结构参数对应的化学位移

结构参数	所　　属	备　　注
f_a	90～240	总芳香碳质量分数
f_a^c	165～240	羰基碳质量分数
f'_a	90～165	芳香碳质量分数

表 1.2(续)

结构参数	所 属	备 注
f_a^H	90～129	质子化芳碳质量分数
f_a^N	129～165	非质子化芳碳质量分数
f_a^P	150～165	酚羟基或醚氧键碳质量分数
f_a^S	137～150	烷基取代芳香碳的质量分数
f_a^B	129～137	芳香族桥接碳质量分数
f_{al}	0～90	脂肪族碳的总质量分数
f_{al}^H	22～50	季碳、亚甲基、次甲基碳质量分数
f_{al}^*	0～22	脂肪族甲基和芳香族甲基碳质量分数
f_{al}^O	50～90	脂肪族氧接碳质量分数
X_b	$f_a^B/(f_a^P+f_a^H+f_a^S)$	桥碳比

第2章 典型低阶煤显微组分分离特征

2.1 神府煤种显微组分分离特征

大保当煤矿属于神府煤田，作为侏罗纪时期较为典型的煤样，有必要对其进行研究。试验煤样来自陕西省榆林市侏罗纪煤田大保当煤矿 5^{-2} 煤层，属于低变质程度的不黏煤或长焰煤。众所周知，侏罗纪的煤样具有高惰质组的特点，同时因为壳质组的含量较低，将惰质组和镜质组作为主要的研究对象，进行试验之前将原煤粉碎至 0.5 mm 以下，为煤岩组分的分离做准备。

岩相分析表明，12 个样品中有 3 个样品的镜质组含量和其他 3 个样品相近，故只选取镜质组含量相近样品中的一个作为研究对象，另有 2 个样品的矿物质组较多，不适宜此次的分析，将剩余的产物按照镜质组含量由小至大排列，对其编号为 DBD1、DBD2、DBD3、DBD4、DBD5、DBD6、DBD7，大保当原煤和浮沉离心法试验后部分产品岩相分析、工业分析和元素分析结果见表 2.1。

表 2.1 DBD 原煤及试验后部分产品岩相分析、工业分析和元素分析结果

样品	密度级 /(g/cm³)	R^o_{max} /%	岩相分析/%			工业分析/%			元素分析/%				
			V	I	E	M_{ad}	A_{ad}	V_{daf}	C_{ad}	H_{ad}	O^*_{ad}	N_{ad}	S_{ad}
原煤	—	0.50	49.50	49.10	1.40	6.29	12.14	39.16	67.43	3.44	6.58	1.51	0.61
DBD1	1.35～1.4	0.50	21.30	76.70	2.00	2.29	4.14	32.62	76.00	3.92	12.30	1.16	0.19
DBD2	1.4～1.5	0.49	26.10	71.90	2.00	3.64	13.54	31.04	66.81	3.40	11.40	1.04	0.16
DBD3	1.32～1.35	0.52	30.50	67.60	1.90	2.40	2.06	35.58	76.84	4.34	12.98	1.15	0.22
DBD4	1.3～1.32	0.50	40.80	57.70	1.50	2.23	2.43	37.21	75.60	4.48	13.82	1.20	0.24
DBD5	1.28～1.3	0.51	50.80	47.50	1.70	3.64	4.41	32.72	75.18	4.00	11.21	1.31	0.25
DBD6	1.25～1.28	0.50	74.60	23.90	1.50	3.70	4.11	37.95	75.16	4.37	10.81	1.58	0.27
DBD7	1.2～1.25	0.55	81.20	17.20	1.60	1.77	1.47	40.68	84.49	5.29	5.17	1.53	0.28

注：V 代表镜质组，I 代表惰质组，E 代表壳质组，O^*_{ad} 是由差减法计算得到的，M_{ad}、A_{ad}、C_{ad}、H_{ad}、O^*_{ad}、N_{ad}、S_{ad} 代表空气干燥基下的水分、灰分以及碳、氢、氧、氮、硫元素的含量，V_{daf} 代表干燥无灰基下的挥发分含量。

由表 2.1 可知，原煤的惰质组含量为 49.10%，属于高惰质组煤样，原煤和浮沉后的样品最大镜质组反射率为 0.49%～0.55%，且挥发分均大于 28.00%～37.00%，属于低阶烟煤。挑选 DBD 煤中的富惰质组、富镜质组观察其表面形貌，图 2.1 为大保当煤矿煤岩光片的显微镜图片。

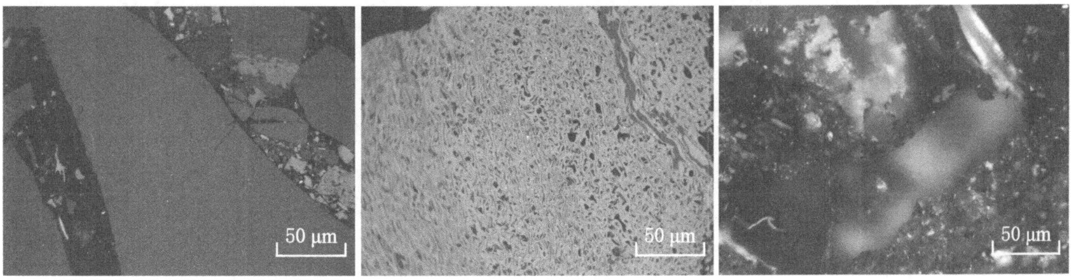

(a) 镜质组　　(b) 惰质组　　(c) 无机组

图 2.1　DBD 煤样中煤岩组分图片

2.2　大井矿区典型煤种显微组分分离特征

南露天煤矿属于准东煤田，南露天煤属于低阶烟煤。在进行煤岩显微组分分离之前，首先对其进行了等密度浮沉离心试验，以 0.5 g/cm^3 为梯度进行探索，发现在 1.5～1.6 g/cm^3 之间的产物分布较广，因此在后续的试验中密度级分别为 1.4 g/cm^3、1.45 g/cm^3、1.5 g/cm^3、1.52 g/cm^3、1.55 g/cm^3、1.57 g/cm^3、1.6 g/cm^3，其产物共有 8 个，选择其中的 6 个进行研究，并按照镜质组含量的大小进行排列，分别为 NLT1、NLT2、NLT3、NLT4、NLT5、NLT6。表 2.2 为 NLT 煤矿原煤及其分选产物的岩相分析、工业分析、元素分析的结果。

表 2.2　南露天煤矿原煤及其浮沉产物的岩相分析、工业分析、元素分析结果

样品	密度级 /(g/cm^3)	R^o_{max} /%	岩相分析/%			工业分析/%			元素分析/%				
			V	I	E	M_{ad}	A_{ad}	V_{daf}	C_{ad}	H_{ad}	O^*_{ad}	N_{ad}	S_{ad}
原煤	—	0.39	50.30	48.90	0.80	16.85	2.80	32.40	76.36	3.88	16.75	2.52	0.49
NLT1	1.5～1.52	0.43	26.90	73.10	—	7.76	4.29	30.47	75.24	3.83	18.29	2.22	0.42
NLT2	1.45～1.5	0.40	36.20	63.80	—	6.81	3.83	31.74	75.57	3.82	17.81	2.36	0.44
NLT3	1.57～1.6	0.41	47.90	51.70	0.40	7.77	5.35	30.33	72.86	3.41	20.57	2.77	0.39
NLT4	1.52～1.55	0.40	48.10	51.30	0.60	7.40	4.97	30.84	74.59	3.75	19.13	2.17	0.36
NLT5	1.4～1.45	0.43	55.00	45.00	—	6.35	3.27	30.87	78.36	3.86	14.92	2.49	0.37
NLT6	1.55～1.57	0.43	56.50	42.90	0.60	7.64	5.22	30.11	73.08	3.63	20.75	1.98	0.56

注：V 代表镜质组，I 代表惰质组，E 代表壳质组，O^*_{ad} 是由差减法计算得到的，M_{ad}、A_{ad}、C_{ad}、H_{ad}、O^*_{ad}、N_{ad}、S_{ad} 代表空气干燥基下的水分、灰分以及碳、氢、氧、氮、硫元素的含量，V_{daf} 代表干燥无灰基下的挥发分含量。

由表 2.2 可知，岩相分析结果表明，原煤的惰质组含量为 48.90%，镜质组含量为 50.30%，壳质组的含量较低为 0.80%，属于高惰质组煤样；工业分析结果表明，原煤的水分为 16.85%，水分较高，但在试验过程中，观察其样品的表面，并未有湿润的表面，猜测可能是此种煤内部孔隙率较高，导致“内水”较高，可在试验中多考虑此种影响，灰分为 2.80%，属于低灰煤，挥发分含量为 32.40%＞28.00%，结合最大镜质组反射率为 0.39%，可大致推测出 NLT 煤样为低阶煤。元素分析中，C 元素的含量在 70.00% 以上，O 元素的含量最高

可达 20.57%,N 元素的含量基本保持在 2.20%左右,S 元素含量基本保持在 0.40%的水平,对分子结构不会产生较大的影响。

2.3 西黑山矿区典型煤种显微组分分离特征

位于新疆准东煤田的红沙泉北露天煤矿,所采煤样属于低阶烟煤,也是高惰质组煤。在进行离心浮沉法分离煤岩显微组分之前,对其进行等密度离心分离,探索其分离的密度,用 $ZnCl_2$ 作为重液调控密度,在后续的试验中分离密度为 1.4 g/cm^3、1.415 g/cm^3、1.43 g/cm^3、1.45 g/cm^3、1.47 g/cm^3、1.5 g/cm^3,总计 6 个密度级,7 个产物,由于−1.4 g/cm^{3}密度级的产物较少不足分析检测,因此不列入分析,并且按照镜质组含量从小到大进行排列,分别命名为 HSQ1、HSQ2、HSQ3、HSQ4、HSQ5、HSQ6,原煤和其分离产物的岩相分析、工业分析、元素分析的结果如表 2.3 所示。

表 2.3 HSQ 原煤及试验后部分产品岩相分析、工业分析和元素分析结果

样品	密度级/(g/cm^3)	R^o_{max}/%	岩相分析/%			工业分析/%			元素分析/%				
			V	I	E	M_{ad}	A_{ad}	V_{daf}	C_{ad}	H_{ad}	O^*_{ad}	N_{ad}	S_{ad}
原煤	—	0.33	41.60	57.10	1.30	16.62	3.26	30.56	76.40	4.28	16.46	2.69	0.17
HSQ1	+1.5	0.37	35.60	63.00	1.40	6.10	8.23	31.30	72.29	3.87	21.16	2.50	0.18
HSQ2	1.47~1.5	0.41	47.40	51.80	0.80	5.79	5.05	32.37	76.16	4.24	17.04	2.37	0.19
HSQ3	1.45~1.47	0.38	53.00	46.40	0.60	6.32	4.41	33.34	75.43	4.19	17.45	2.75	0.18
HSQ4	1.43~1.45	0.39	62.00	37.60	0.40	5.88	4.44	33.00	76.21	4.28	17.20	2.14	0.17
HSQ5	1.415~1.43	0.39	62.60	37.20	0.20	6.00	4.26	32.18	76.73	4.20	16.43	2.48	0.16
HSQ6	1.4~1.415	0.38	66.50	33.50	—	6.11	4.24	32.23	76.66	4.14	16.74	2.29	0.17

注:V 代表镜质组,I 代表惰质组,E 代表壳质组,O^*_{ad}是由差减法计算得到的,M_{ad}、A_{ad}、C_{ad}、H_{ad}、O^*_{ad}、N_{ad}、S_{ad}代表空气干燥基下的水分、灰分以及碳、氢、氧、氮、硫元素的含量,V_{daf}代表干燥无灰基下的挥发分含量。

由表 2.3 可知,原煤的惰质组含量为 57.10%,属于高惰质组煤样,在后续的分析过程中,能得到镜质组含量为 35.60%、惰质组含量为 63.00%的高惰质组样品,但在 HSQ4、HSQ5 号样品中,出现了分离效果不佳的结果。原煤的工业分析结果表明,水分为16.62%,灰分为 3.26%,挥发分为 30.56%,属于中低阶烟煤的范畴。

2.4 五彩湾矿区典型煤种显微组分分离特征

五彩湾煤矿属于新疆天隆集团下的煤矿,所采煤样属于低变质程度的烟煤,为了得到煤岩组分含量分布较广的样品,首先以 0.5 g/cm^{3}为等密度梯度进行试验,最终确定了各密度级为 1.4 g/cm^3、1.415 g/cm^3、1.43 g/cm^3、1.45 g/cm^3、1.47 g/cm^3、1.5 g/cm^3,总计 6 个密度级,7 个产物,由于−1.4 g/cm^{3}密度级产物较少,不足分析检测,因此不列入分析之中,按照镜质组的含量从小到大进行排列,并命名为 WCW1、WCW2、WCW3、WCW4、WCW5、WCW6,表 2.4 是 WCW 原煤及其分离产品的岩相分析、工业分析、元素分析结果统计表。

表 2.4　WCW 原煤及试验后部分产品岩相分析、工业分析和元素分析结果

样品	密度级 /(g/cm^3)	R^o_{max} /%	岩相分析/%			工业分析/%			元素分析/%				
			V	I	E	M_{ad}	A_{ad}	V_{daf}	C_{ad}	H_{ad}	O^*_{ad}	N_{ad}	S_{ad}
原煤	—	0.36	54.70	44.70	0.60	16.79	3.83	32.09	76.88	4.29	16.14	2.27	0.42
WCW1	1.45～1.47	0.39	43.50	55.90	0.60	6.00	5.16	31.02	76.16	4.10	16.87	2.46	0.41
WCW2	1.415～1.43	0.36	44.10	55.50	0.40	6.89	4.76	30.94	76.21	4.07	16.73	2.59	0.40
WCW3	1.47～1.5	0.34	46.10	52.90	1.00	5.97	5.54	31.13	75.17	3.99	17.57	2.91	0.36
WCW4	+1.5	0.35	46.70	52.70	0.60	5.81	8.84	31.38	71.43	3.88	22.19	2.11	0.39
WCW5	1.43～1.45	0.37	47.50	51.70	0.80	5.57	4.80	31.32	75.88	4.07	16.99	2.64	0.42
WCW6	1.4～1.415	0.35	64.80	34.20	1.00	5.22	4.67	31.07	77.74	4.18	15.28	2.39	0.41

注：V 代表镜质组，I 代表惰质组，E 代表壳质组，O^*_{ad}是由差减法计算得到的，M_{ad}、A_{ad}、C_{ad}、H_{ad}、O^*_{ad}、N_{ad}、S_{ad}代表空气干燥基下的水分、灰分以及碳、氢、氧、氮、硫元素的含量，V_{daf}代表干燥无灰基下的挥发分含量。

由表 2.4 可知，原煤的最大镜质组反射率为 0.36%，镜质组反射率较低，原煤的惰质组含量为 44.70%，属于高惰质组煤，但从分离效果上来看，镜质组含量为 43.50%～64.80%，分离效果较不理想，但对于此研究来说，对于有一定差距的煤岩显微组分就可进行后续的分析。

第3章　典型低阶煤显微组分特征的化学结构

3.1　神府煤显微组分化学结构特征

对原煤浮沉离心法试验后各产品的 FTIR 谱图绘于图 3.1，从图 3.1 中可知，煤的红外光谱主要以 4 种类型的吸收峰为主[60]：峰位在 700～900 cm^{-1} 的芳香烃结构吸收峰；峰位在 1 000～1 800 cm^{-1} 的杂原子基团吸收峰，其中主要包括 CH_2、CH_3 的变形振动吸收峰、氧原子、硫原子等杂原子官能团吸收峰以及芳环中 C═C 的伸缩振动吸收峰；峰位在 2 800～3 000 cm^{-1} 的脂肪族结构吸收峰；峰位在 3 000～3 700 cm^{-1} 的羟基结构吸收峰，分为 4 段进行分峰拟合，并对结果进行半定量分析统计。

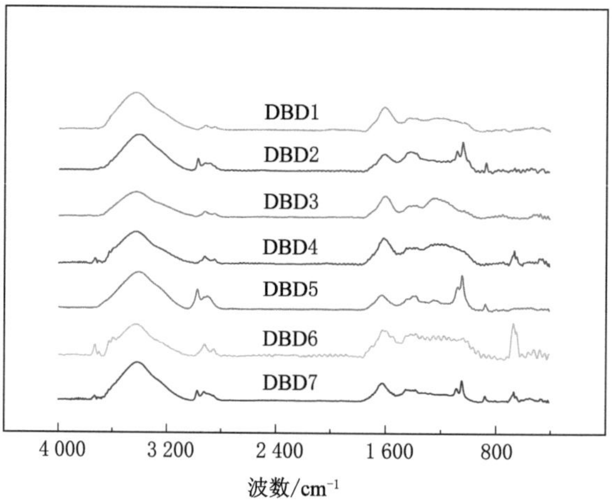

图 3.1　DBD1～7 样品红外光谱图

3.1.1　煤中芳香氢(指纹区)特征分析

700～900 cm^{-1} 内主要是芳香结构中芳环上的 4 种取代方式的吸收峰段，在 730～750 cm^{-1} 之间是苯环二取代，在 750～810 cm^{-1} 之间是苯环三取代，在 810～850 cm^{-1} 之间是苯环四取代，在 850～900 cm^{-1} 之间是苯环五取代，图 3.2 为 700～900 cm^{-1} 芳香结构 FTIR 拟合图谱(通过扫描二维码可见彩图)，700～900 cm^{-1} 特征峰归属列于表 3.1。

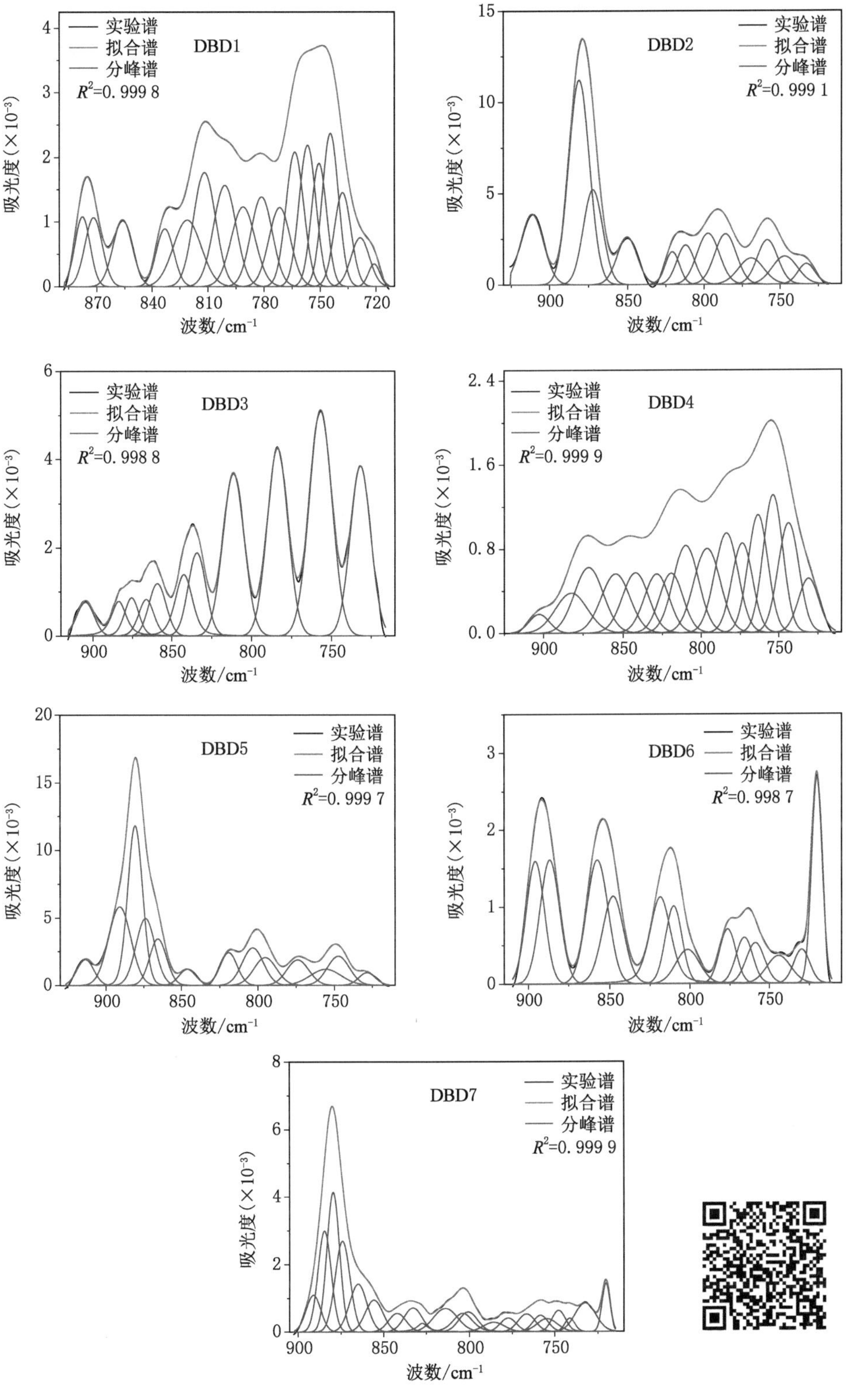

图 3.2　700～900 cm^{-1}芳香结构 FTIR 拟合图谱

表 3.1　DBD1～7 样品 700～900 cm^{-1}吸收峰段特征峰归属表

样品名称	镜质组含量/%	特征峰类型			
		苯环二取代/%	苯环三取代/%	苯环四取代/%	苯环五取代/%
DBD1	21.30	17.61	59.76	10.09	12.54
DBD2	26.10	10.58	37.56	15.28	36.58
DBD3	30.50	15.78	56.89	12.15	15.18
DBD4	40.80	12.60	51.62	16.59	19.19
DBD5	50.80	7.82	22.56	7.54	62.08
DBD6	74.60	7.08	26.90	23.16	42.86
DBD7	81.20	12.24	17.70	12.98	57.08

由表 3.1 可知，在镜质组较低时，DBD1～4 样品主要是以苯环三取代为主，随着镜质组含量的增大，在镜质组含量超过 50%时，DBD5～7 样品主要以苯环五取代为主，这足以说明在镜质组含量较高时，芳香环的缩合度较高[61]，苯环上更多的 H 被其余支链所取代，样品中的支链变多。

3.1.2　煤中含氧官能团

煤中的含氧官能团主要在峰位为 1 000～1 800 cm^{-1}之间，其中还包括了灰分所在的官能团，例如峰位在 1 243 cm^{-1}和 1 321 cm^{-1}的 Ar—O—C 的伸缩振动，其余多是脂肪族或者芳香族中 C═O 伸缩振动、R—O—C 伸缩振动，这些部分主要是醚键、羟基、羰基、羧基以及酯基，除此之外还包括了峰位在 1 600 cm^{-1}芳烃中的 C═C 骨架振动，部分甲基、亚甲基的不对称变形振动，对称弯曲振动以及对称伸缩振动。

图 3.3 是 DBD1～7 煤样的含氧官能团的拟合图谱（扫描二维码可见彩图），每次拟合的峰位都超过 18 个，总体的拟合度 R^2 几乎都在 99.9%以上，从图中可以看出，随着镜质组含量的逐渐增加，每个样品的峰位所对应的峰的大小均发生改变，通过图中拟合图谱的形状可以看出，在 1 600 cm^{-1}附近存在一个较为明显的吸收峰，占总体的比值较大，其次在 1 460 cm^{-1}附近、1 110 cm^{-1}附近都出现了明显的吸收峰，这些吸收峰提供了主要的振动能量。

表 3.2 中的占比均为该峰位下的吸收峰占全部吸收峰总面积的百分比，在 1 380 cm^{-1}附近的为 CH_3的对称弯曲振动区域，1 460 cm^{-1}附近的为 CH_3和 CH_2不对称变形振动，而在 1 600 cm^{-1}和 1 700 cm^{-1}附近的分别为芳烃中 C═C 骨架振动和芳香族中酸酐 C═O 伸缩振动，从表中的数据可以观察到，随着镜质组含量的增加，虽然数据有所波动，但不难看出在镜质组含量较高时，CH_3振动吸收峰所占面积是较大的，说明在镜质组中含有的甲基含量较多，那么相对应的脂肪烃就越多，支链化程度越高。

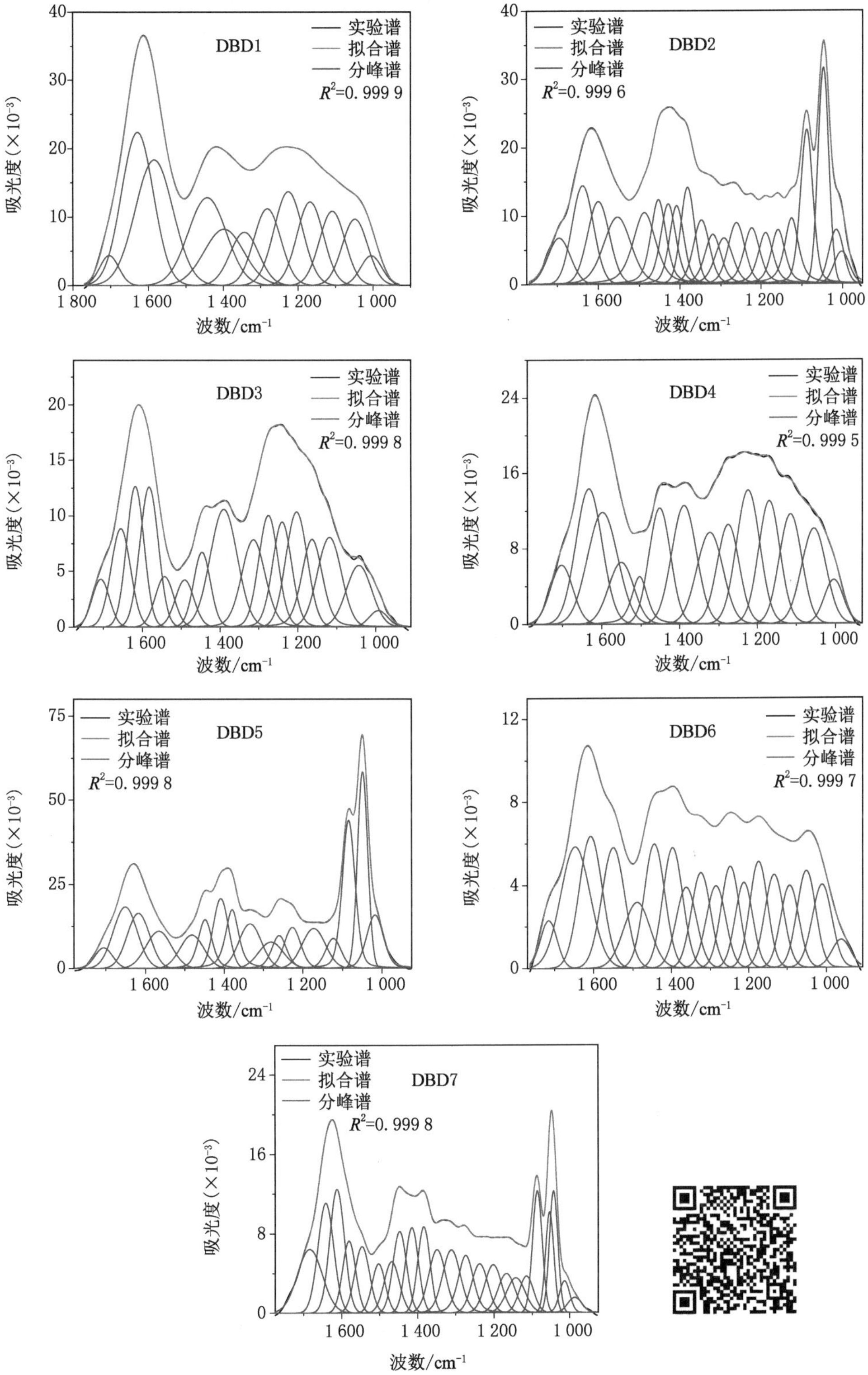

图 3.3　1 000～1 800 cm^{-1} FTIR 拟合图谱

表 3.2　DBD1～7 样品 1 000～1 800 cm^{-1} 吸收峰段特征峰归属表

样品名称	镜质组含量 /%	峰位/%			
		1 380 cm^{-1}	1 460 cm^{-1}	1 600 cm^{-1}	1 700 cm^{-1}
DBD1	21.30	3.25	4.85	6.87	0.81
DBD2	26.10	3.95	4.38	8.68	1.55
DBD3	30.50	5.56	3.76	10.34	1.42
DBD4	40.80	4.77	4.12	15.02	2.17
DBD5	50.80	3.97	3.06	2.42	0.71
DBD6	74.60	6.73	4.34	15.51	1.32
DBD7	81.20	5.39	3.12	9.07	2.62

3.1.3　煤中脂肪烃

图 3.4 是 DBD1～7 样品的脂肪区的拟合图谱(扫描二维码可见彩图)，主要包括峰位在 2 800～3 000 cm^{-1}之间的脂肪烃特征峰、峰位在 2 849 cm^{-1}附近的亚甲基对称伸缩振动、峰位在 2 864 cm^{-1}附近的甲基对称伸缩振动、峰位在 2 891 cm^{-1}附近的次甲基伸缩振动、峰位在 2 923 cm^{-1}附近的亚甲基不对称伸缩振动、峰位在 2 956 cm^{-1}附近的甲基的不对称伸缩振动。在拟合过程中，为了使拟合的精度更高，拟合谱和试验谱的匹配度更高，每次拟合超过 10 个峰，拟合度 R^2 均在 99.9%以上。表 3.3 是峰位在 2 923 cm^{-1}和 2 956 cm^{-1}附近特征峰的相对面积的统计表。

表 3.3 中的数据为该峰位下的吸收峰面积相对于脂肪烃区总面积的比值，随着镜质组含量的增加，可以观察到数据呈现上下波动的趋势，当镜质组含量较少时，峰位在 2 923 cm^{-1}附近不对称伸缩振动的亚甲基含量大约在 30%，而在镜质组含量较高时，明显增高 10%左右，其含量在 40%左右，DBD5 样品中此吸收峰的面积在脂肪烃中占比最高能达到 44.08%，但只看此种类型的振动峰不能判断出脂肪烃含量的增加或减少，须结合其余分析结果综合分析。

表 3.3　DBD1～7 样品 2 800～3 000 cm^{-1} 吸收峰段特征峰归属表

样品名称	镜质组含量 /%	峰位/%	
		2 923 cm^{-1}	2 956 cm^{-1}
DBD1	21.30	20.49	26.12
DBD2	26.10	34.18	36.77
DBD3	30.50	27.43	26.52
DBD4	40.80	35.68	25.63
DBD5	50.80	44.08	30.77
DBD6	74.60	36.69	22.50
DBD7	81.20	39.22	27.26

3.1.4　煤中羟基区

图 3.5 是 DBD1～7 样品红外光谱羟基区的拟合图谱(扫描二维码可见彩图)，从图中可

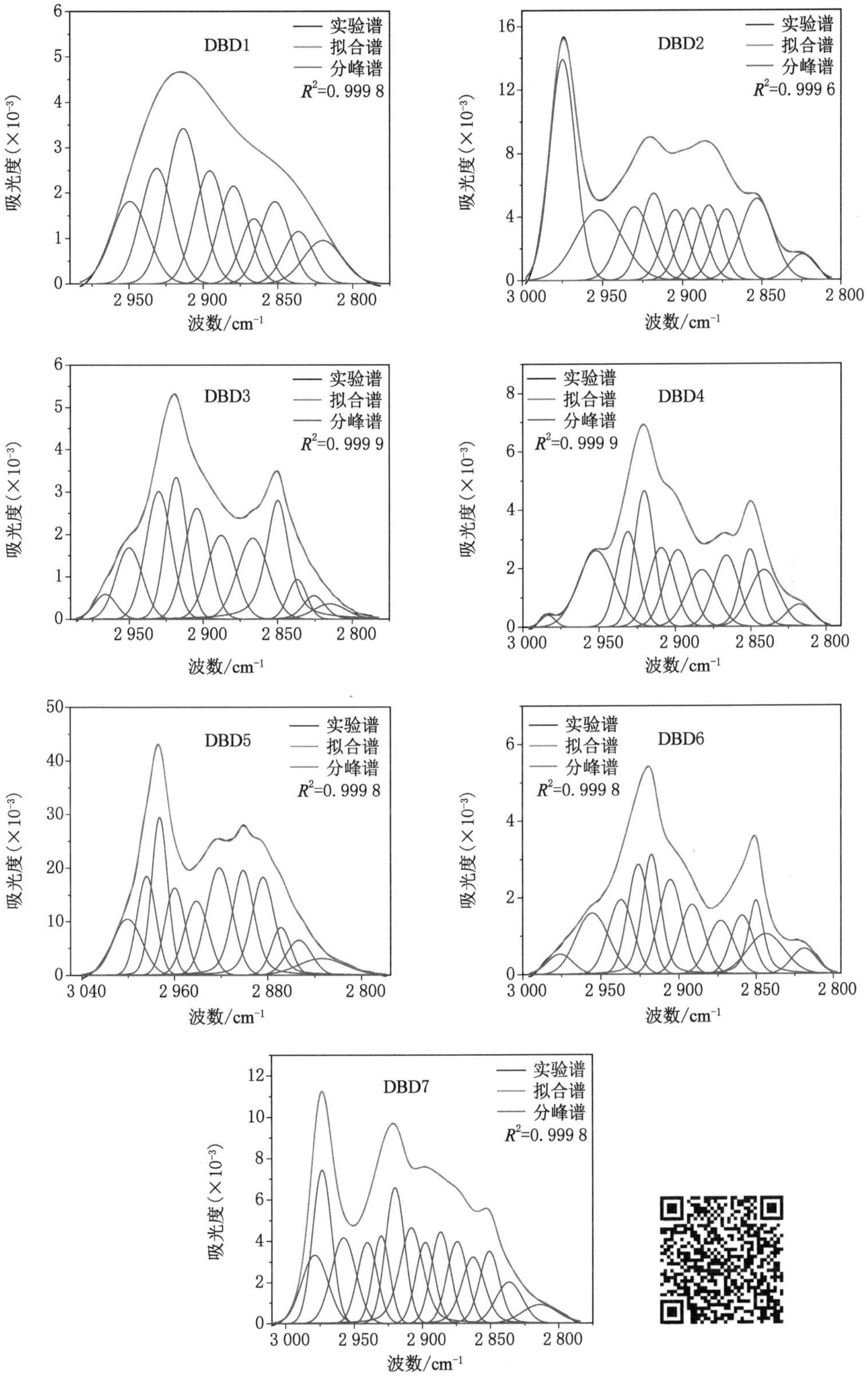

图 3.4　2 800～3 000 cm^{-1}脂肪结构 FTIR 拟合图谱

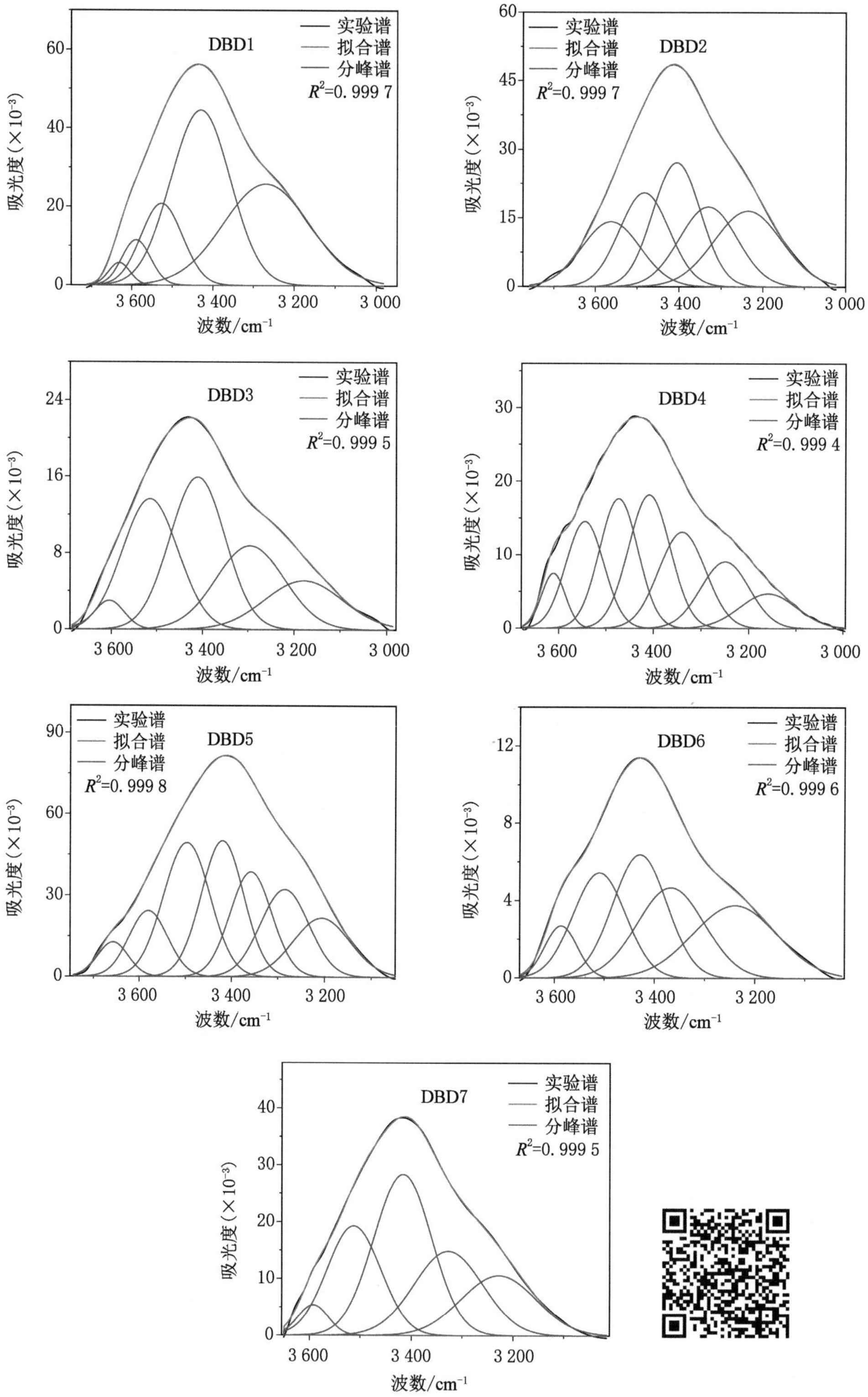

图 3.5　3 000～3 700 cm^{-1} FTIR 拟合图谱

以观察到只有一个明显的大峰，而在这一区段中主要是煤中酚、醇、羧酸、过氧化物、水中的 O—H 伸缩振动和 N—H 伸缩振动以及芳烃中的 C—H 伸缩振动。较难以分辨，且此区段的具体分析对此研究中所讨论问题的影响不大，故在此区段不做具体分析。

3.1.5　定量参数及其变化规律

根据红外光谱的分析结果，再通过第 2 章中红外定量评价参数的计算公式，将 DBD1～7 号样品所计算的红外定量参数结果列于表 3.4。红外光谱定量评价参数与镜质组含量的关系如图 3.6 所示。

表 3.4　DBD1～7 煤样红外定量评价参数

样品	I_1	I_2	I_3	I_4	I_5	I_6	I_7
DBD1	0.21	1.39	0.12	0.67	0.30	0.78	0.78
DBD2	0.45	1.41	0.18	0.90	0.30	0.93	0.93
DBD3	0.25	1.15	0.14	1.48	0.26	1.03	1.03
DBD4	0.17	0.76	0.14	1.16	0.29	1.39	1.39
DBD5	3.49	6.39	0.29	1.29	0.33	1.43	1.43
DBD6	0.28	1.00	0.08	1.55	0.28	1.63	1.63
DBD7	0.61	1.55	0.29	1.73	0.30	1.44	1.44

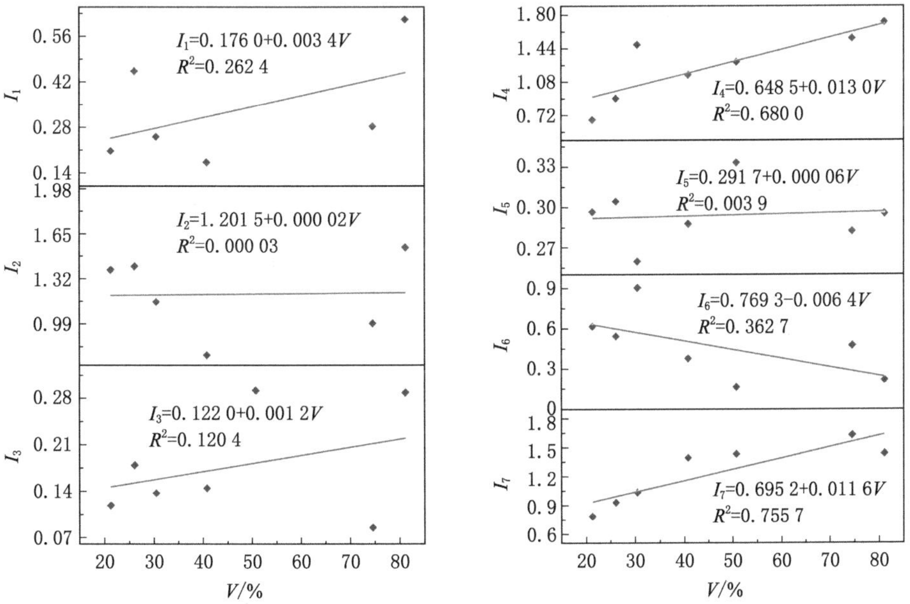

图 3.6　红外光谱定量评价参数与镜质组含量的关系

观察图 3.6 可得，I_1 总脂肪度在去除离群值后与镜质组含量的线性拟合结果表明，斜率较小为 0.003 4，呈现较弱的正相关关系，观察实际的数据在小范围内上下波动，整体保持小范围内的上升趋势，由于不是单体煤岩组分，虽然壳质组的含量较少，不纳入本研究的范畴，但其内部含有较多脂肪烃，即使总体脂肪烃含量变化较小，但依然能反映出在镜质组中脂肪族物质较多，在惰质组中脂肪烃含量较低。I_2也代表总脂肪度，观察数据分布的情况，较为散乱，可能是由 1 436 cm^{-1}处的拟合数据在计算的过程中导致拟合关系不强所引起的。I_3为富氧程度参数，代表的是有机物中氧含量的多少，随着镜质组含量的增多，DBD 样品中有机氧的含量也有所上升，含氧官能团也可能增加。I_4和 I_7分别可以确定脂肪链的多少和长短，随着镜质组含量的增加，I_4、I_7都呈现良好的正相关关系，拟合度 R^2 均在 68.00%以上，当 I_4较大时，脂肪链上的 CH_3相对于 CH_2的含量越多，脂肪链也就越短；当 I_7较大时，芳香环上亚甲基含量高于甲基含量，镜质组所对应的脂肪族侧链也就越多。I_6可用来评价样品的芳香度，线性拟合的斜率为−0.006 4，呈负相关，芳香族结构相对于脂肪族结构，会随着惰质组含量减少而减少，说明惰质组主要含有芳香族结构，镜质组结构主要含有脂肪族结构，这和以往对于煤岩显微组分结构组成的认知相同。I_5作为芳香结构参数，在图中变化较小，除过图中 DBD3、DBD4 两点的数据有点偏离，其余数据点均在直线附近，芳香结构参数能代表芳香碳链的发育程度，而在同一样品中，芳香族物质基本上只存在含量的差异，发育程度上的差异一般体现在煤阶的变化、变质程度的变化之中，在图中基本是一条直线，不随镜质组含量发生较大的变化。

3.2 大井矿区典型煤种显微组分化学结构特征

图 3.7 是南露天煤样分离出的 6 个产品的红外光谱总谱，分为 4 个区域，峰位在 700～900 cm^{-1}之间的指纹区(主要是煤中芳香环上氢的取代方式)、峰位在 1 000～1 800 cm^{-1}之间的含氧官能团区、峰位在 2 800～3 000 cm^{-1}之间的脂肪烃振动区以及峰位在 3 000～3 700 cm^{-1}之间的羟基区。

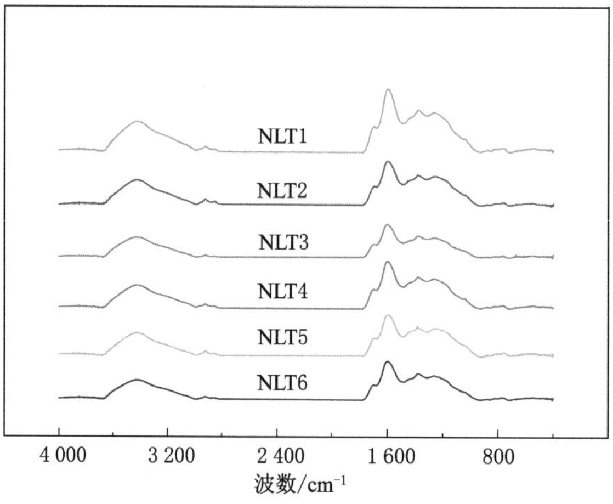

图 3.7　NLT1～6 样品红外光谱图

3.2.1 煤中芳香氢(指纹区)

NLT 煤样浮沉分离出 6 个产物的红外光谱中，波数在 700～900 cm^{-1}之间的芳香烃上的 4 种不同取代方式的特征峰归属表见表 3.5，其拟合图谱见图 3.8(扫描二维码可见彩图)。

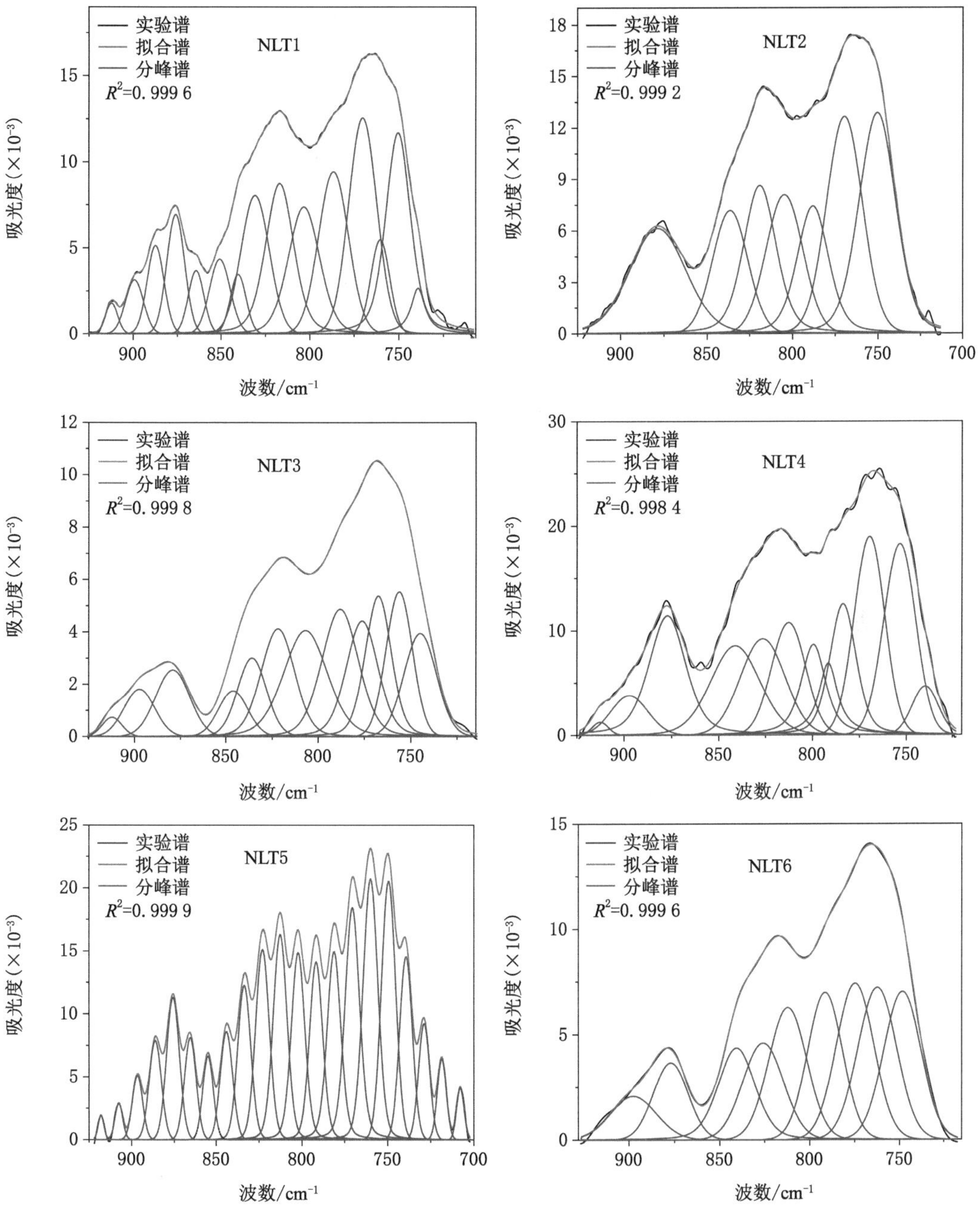

图 3.8　700～900 cm^{-1}芳香结构 FTIR 拟合图谱

表 3.5　NLT1～6 样品 700～900 cm^{-1} 吸收峰段特征峰归属表

样品名称	镜质组含量/%	特征峰类型			
		苯环二取代/%	苯环三取代/%	苯环四取代/%	苯环五取代/%
NLT1	26.9	18.87	41.20	26.02	13.91
NLT2	36.2	14.29	42.86	28.57	14.29
NLT3	47.9	16.02	41.97	27.29	14.72
NLT4	48.1	17.97	35.35	30.85	15.83
NLT5	55.0	14.03	34.23	40.19	11.55
NLT6	56.5	9.20	33.12	45.33	12.35

由表 3.5 可知，在 NLT 煤样中，苯环上的取代方式主要以苯环三取代和苯环四取代为主，苯环二取代和苯环五取代为次要的取代方式，随着镜质组含量的逐渐增高，苯环三取代的主要取代方式也逐渐向苯环四取代的方式转变，而苯环二取代的含量有着小幅度的下降，苯环五取代的含量基本保持不变。

3.2.2　煤中含氧官能团

NLT 煤样 6 个产品红外光谱峰位在 1 000～1 800 cm^{-1}之间的含氧官能团区的 4 个主要特征峰所占占比如表 3.6 所示，拟合图谱如图 3.9 所示（扫描二维码可见彩图）。

表 3.6　NLT1～6 样品 1 000～1 800 cm^{-1} 吸收峰段特征峰归属表

样品名称	镜质组含量/%	峰位/%			
		1 380 cm^{-1}	1 460 cm^{-1}	1 600 cm^{-1}	1 700 cm^{-1}
NLT1	26.9	6.12	5.88	18.99	3.84
NLT2	36.2	6.59	5.44	18.73	3.82
NLT3	47.9	5.65	6.22	17.73	3.76
NLT4	48.1	8.75	4.57	20.54	3.56
NLT5	55.0	5.44	5.76	15.89	3.48
NLT6	56.5	5.85	4.61	15.72	2.87

由表 3.6 可知，NLT 煤样中 C═C 芳烃的含量略微下降，而芳香族中 C═O 的含量逐渐下降，峰位在 1 380 cm^{-1}和 1 460 cm^{-1}内的 CH_3 对称弯曲振动与 CH_2 和 CH_3 的不对称变形振动的占比的变化规律并不明显，但总体来看是有轻微下降的趋势。镜质组含量的增加，芳香族类的结构也会随之减少，这是 C═C 和 C═O 含量逐渐下降的原因。

3.2.3　煤中脂肪烃

NLT 煤样 6 个产品脂肪烃区的主要特征峰占比列于表 3.7，其分峰拟合图谱如图 3.10 所示（扫描二维码可见彩图）。

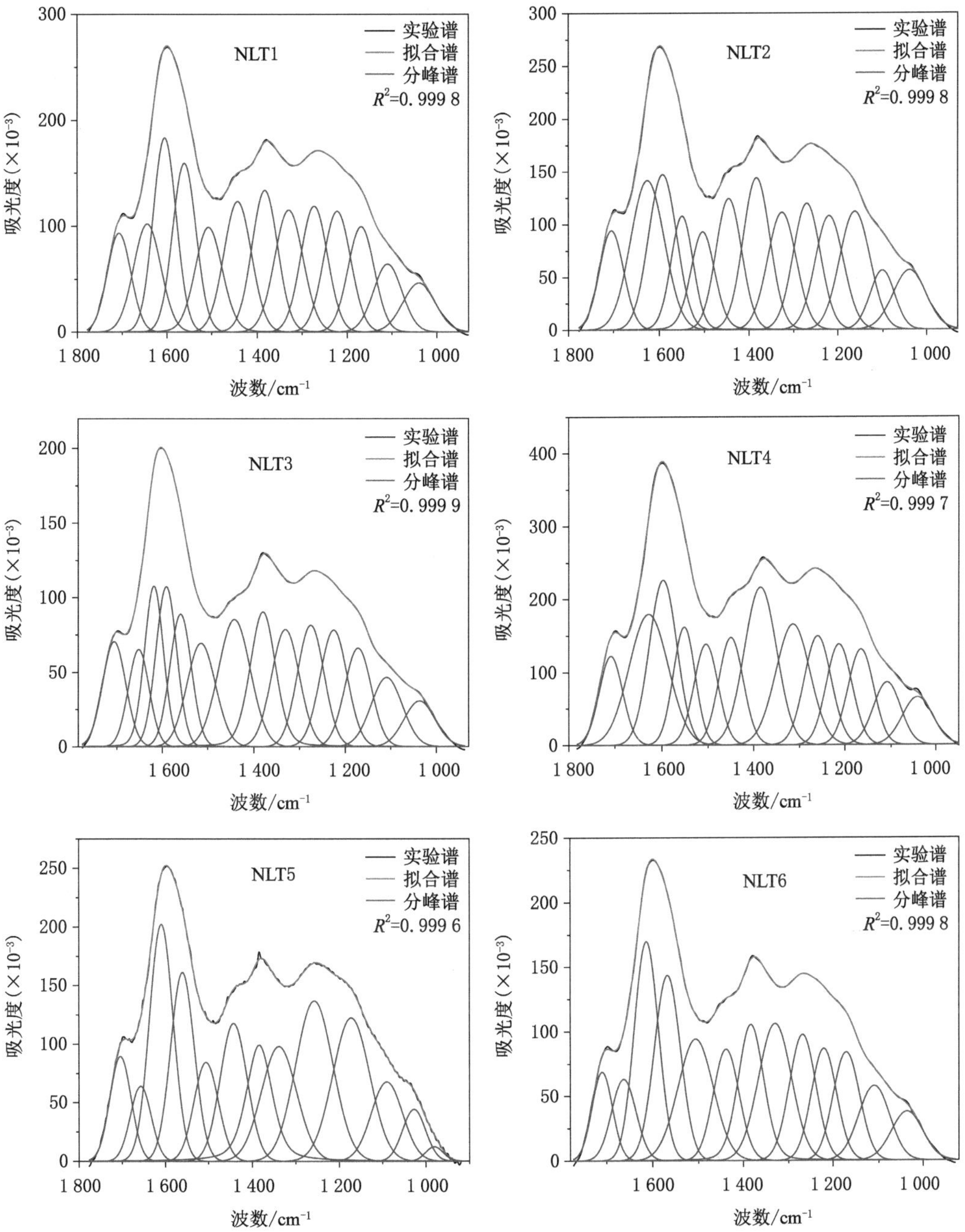

图 3.9　1 000～1 800 cm^{-1}FTIR 拟合图谱

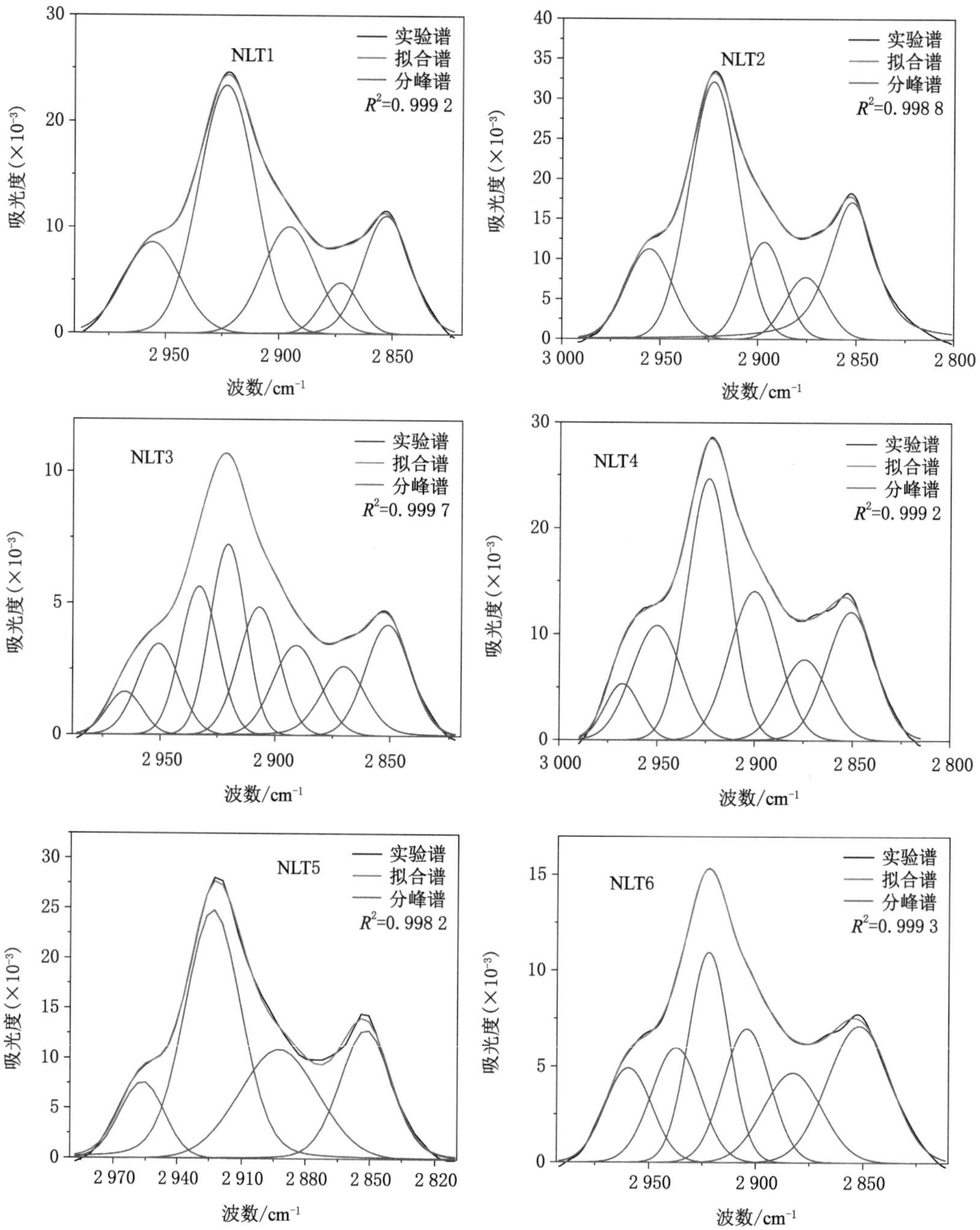

图 3.10　2 800～3 000 cm^{-1}脂肪结构 FTIR 拟合图谱

表 3.7　NLT1～6 样品 2 800～3 000 cm^{-1} 吸收峰段特征峰归属表

样品名称	镜质组含量/%	峰位/%	
		2 923 cm^{-1}	2 956 cm^{-1}
NLT1	26.9	60.64	16.10
NLT2	36.2	53.67	13.65
NLT3	47.9	49.67	15.12
NLT4	48.1	51.24	21.05
NLT5	55.0	43.66	10.19
NLT6	56.5	52.99	11.39

由表 3.7 可知，随着镜质组含量的增加，脂肪族中 CH_2 和 CH_3 的不对称伸缩振动所占该区段的比例均有不同程度的下降，但还不能说明其他的问题，其两项结果的比值才可代表脂肪族侧链的长度，在后续的结果中须进一步分析。

3.2.4　煤中羟基区

图 3.11 是 NLT 煤分离产品红外光谱中 3 000～3 700 cm^{-1} 之间的羟基区的拟合图谱（扫描二维码可见彩图），可观察到每个产品拟合图谱的拟合度均达到了 99.70%以上，拟合度较高，此区段中包括了煤中 6 种羟基形成的氢键的振动特征峰，存在形式较为复杂，且此结果对本书中的研究结论影响不大，故不做过多分析。

3.2.5　定量参数及其变化规律

根据红外光谱的分析结果，再通过第 2 章的红外定量评价参数的计算公式，将 NLT1～6 号样品所计算的红外定量参数结果列于表 3.8。

表 3.8　NLT1～6 煤样红外定量参数

样品	I_1	I_2	I_3	I_4	I_6	I_7
NLT1	0.06	0.69	0.20	1.04	0.99	3.77
NLT2	0.08	0.72	0.20	1.21	0.96	3.93
NLT3	0.03	0.70	0.21	0.91	1.31	3.29
NLT4	0.05	0.70	0.17	1.92	1.20	2.43
NLT5	0.08	0.78	0.22	0.94	1.17	4.28
NLT6	0.06	0.72	0.18	1.27	1.11	4.65

在图 3.12 中可观察到，总脂肪度 I_1、I_2 虽然数据的整体分布不均匀，但是拟合结果中均和镜质组呈现一定的正相关关系，主要是由于镜质组中含有大量的脂肪结构，导致总脂肪度上升。NLT3、NLT4，NLT5、NLT6 这两组样品的镜质组含量相近，I_3 拟合结果中却有较大的偏差，导致了整体拟合关系出现偏差，若去除这两点，整体的变化趋势是逐渐增大的，煤中有机组分的氧含量上升。I_4 和镜质组含量的相关关系不明朗。I_6 与镜质组含量呈正相关关系，I_7 可分析出脂肪族侧链的多少，脂肪族侧链随镜质组含量的增加而增加。

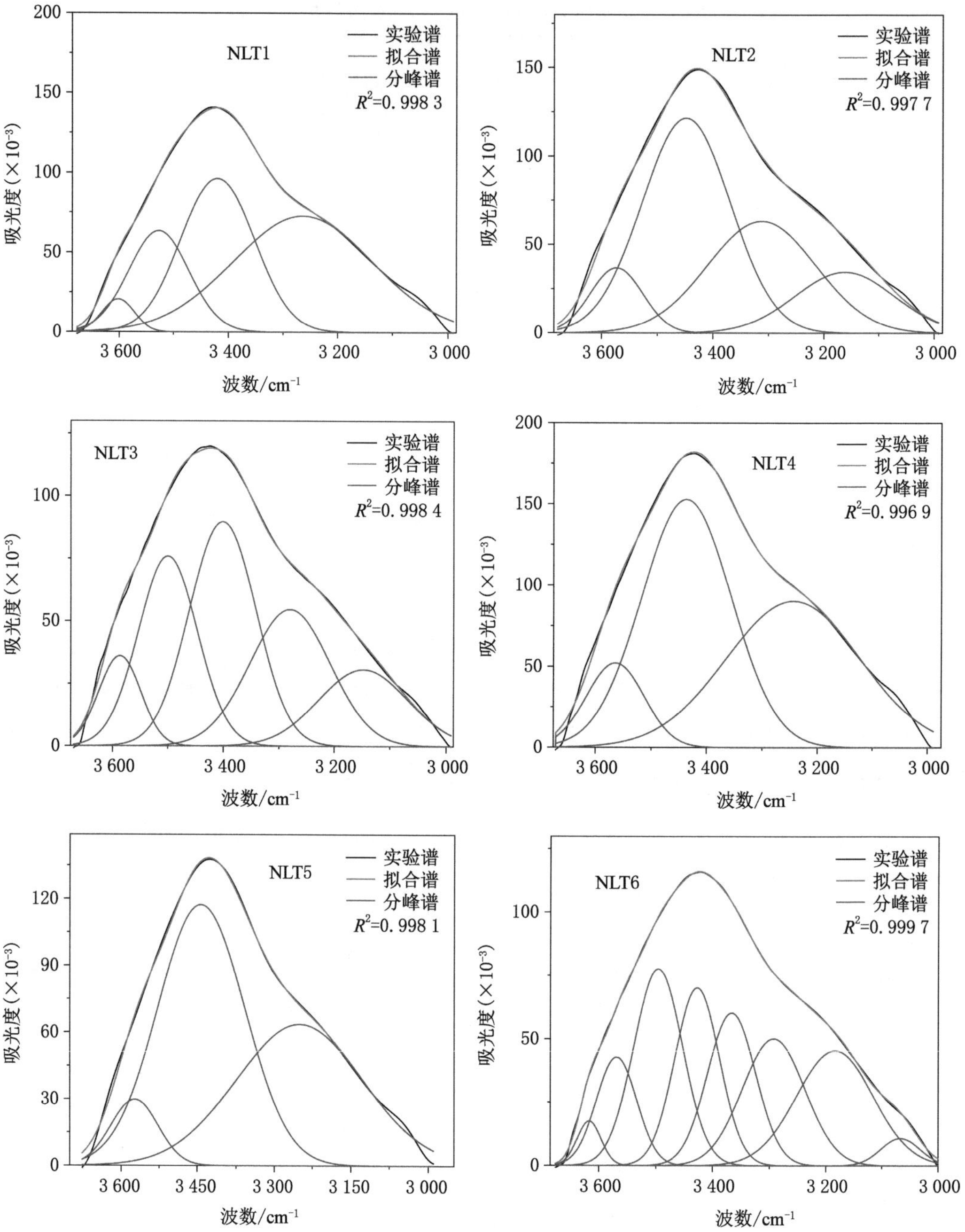

图 3.11　3 000～3 700 cm^{-1} FTIR 拟合图谱

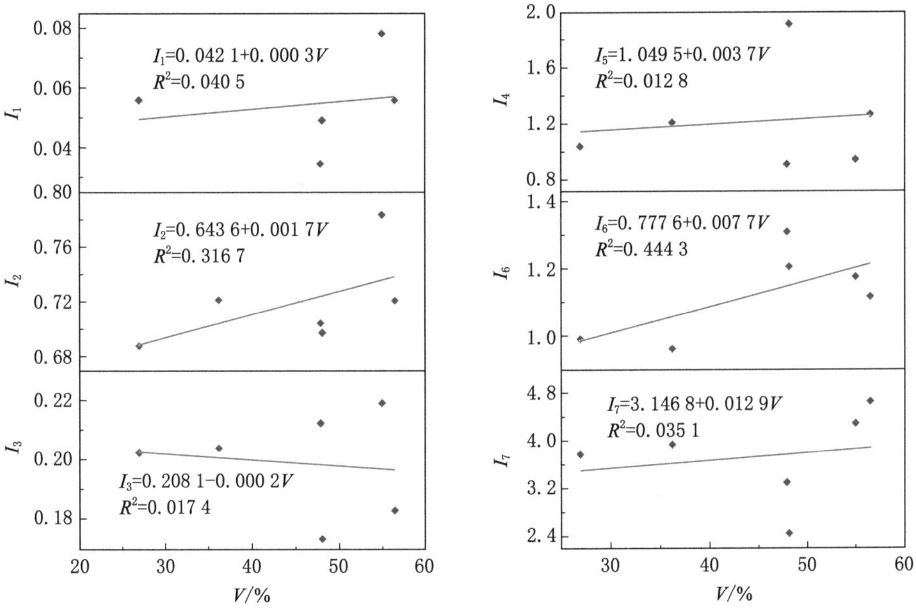

图 3.12　红外光谱定量评价参数与镜质组含量的关系

3.3　西黑山矿区典型煤种显微组分化学结构特征

图 3.13 所示是 HSQ 红外光谱的总谱，在 HSQ 的样品中，分为 4 个主要的吸收峰区域（同上），在 4 个吸收峰区域中，峰位在 1 000～1 800 cm^{-1}之间的含氧官能团占主要的吸收强度，所占面积最大，在后续的分析中，分别对这 4 个区域进行分峰拟合。

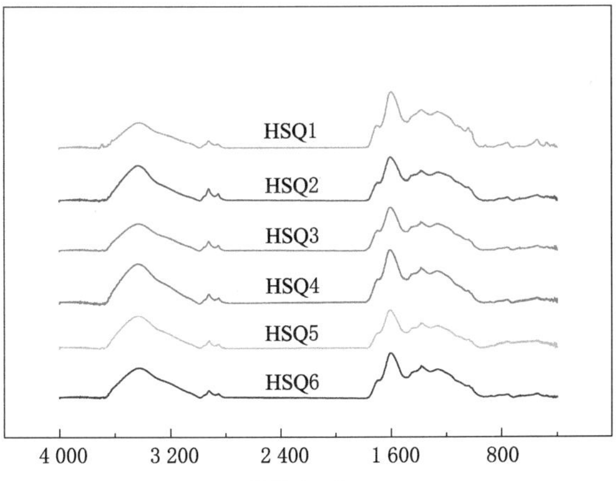

图 3.13　HSQ1～6 样品红外光谱图

3.3.1 煤中芳香氢(指纹区)

表 3.9 是芳环上的 4 种不同取代方式特征峰的占比统计结果，图 3.14 所示是 HSQ 煤样 6 个产品红外光谱 700～900 cm^{-1}之间的拟合图谱(扫描二维码可见彩图)。

表 3.9　HSQ1～6 样品 700～900 cm^{-1}吸收峰段特征峰归属表

样品名称	镜质组含量/%	特征峰类型			
		苯环二取代/%	苯环三取代/%	苯环四取代/%	苯环五取代/%
HSQ1	35.60	15.61	52.88	21.57	9.94
HSQ2	47.40	10.53	52.58	20.01	16.88
HSQ3	53.00	10.28	53.98	22.45	13.29
HSQ4	62.00	22.61	50.85	19.71	6.84
HSQ5	62.60	18.98	58.77	19.10	3.14
HSQ6	66.50	22.47	51.62	15.99	9.92

由表 3.9 可得，在 HSQ 的样品中主要是以苯环三取代为主，随着镜质组含量的增加，苯环二取代的占比逐渐增多，苯环三取代的占比在小幅度范围内下降，基本保持不变，苯环四取代和苯环五取代占比都有小程度的下降，总体呈现波动的数据，变化规律不明显，可能在后续的参数计算中才能表现出应有的变化规律。

3.3.2 煤中含氧官能团

图 3.15 所示是 HSQ 煤样 6 个产品的红外光谱 1 000～1 800 cm^{-1}之间的拟合图谱(扫描二维码可见彩图)，煤中的含氧官能团是主煤中最丰富的吸收峰，也是反应煤的反应性的主要功能区，其主要的吸收峰段的统计结果如表 3.10 所示。

表 3.10　HSQ1～6 样品 1 000～1 800 cm^{-1}吸收峰段特征峰归属表

样品名称	镜质组含量/%	峰位/%			
		1 380 cm^{-1}	1 460 cm^{-1}	1 600 cm^{-1}	1 700 cm^{-1}
HSQ1	35.60	8.92	5.30	18.55	4.91
HSQ2	47.40	8.63	4.85	15.83	2.65
HSQ3	53.00	4.76	7.37	20.26	4.64
HSQ4	62.00	4.27	4.27	17.01	4.07
HSQ5	62.60	5.39	3.34	15.21	3.69
HSQ6	66.50	4.07	5.43	14.31	3.34

由表 3.10 结果可知，在峰位为 1 600 cm^{-1}的芳香族中，C═C 的振动吸收峰随着镜质组含量的增加而逐渐降低，其减少的主要原因是惰质组含量的减少，惰质组中的苯环较多，相对应的苯环中的C═C 吸收峰就强，所占面积就大，而镜质组含量相对增加，其占比也会相应减少，苯环中的C═C 振动吸收峰所占面积就会下降。而峰位在 1 700 cm^{-1}附近的芳

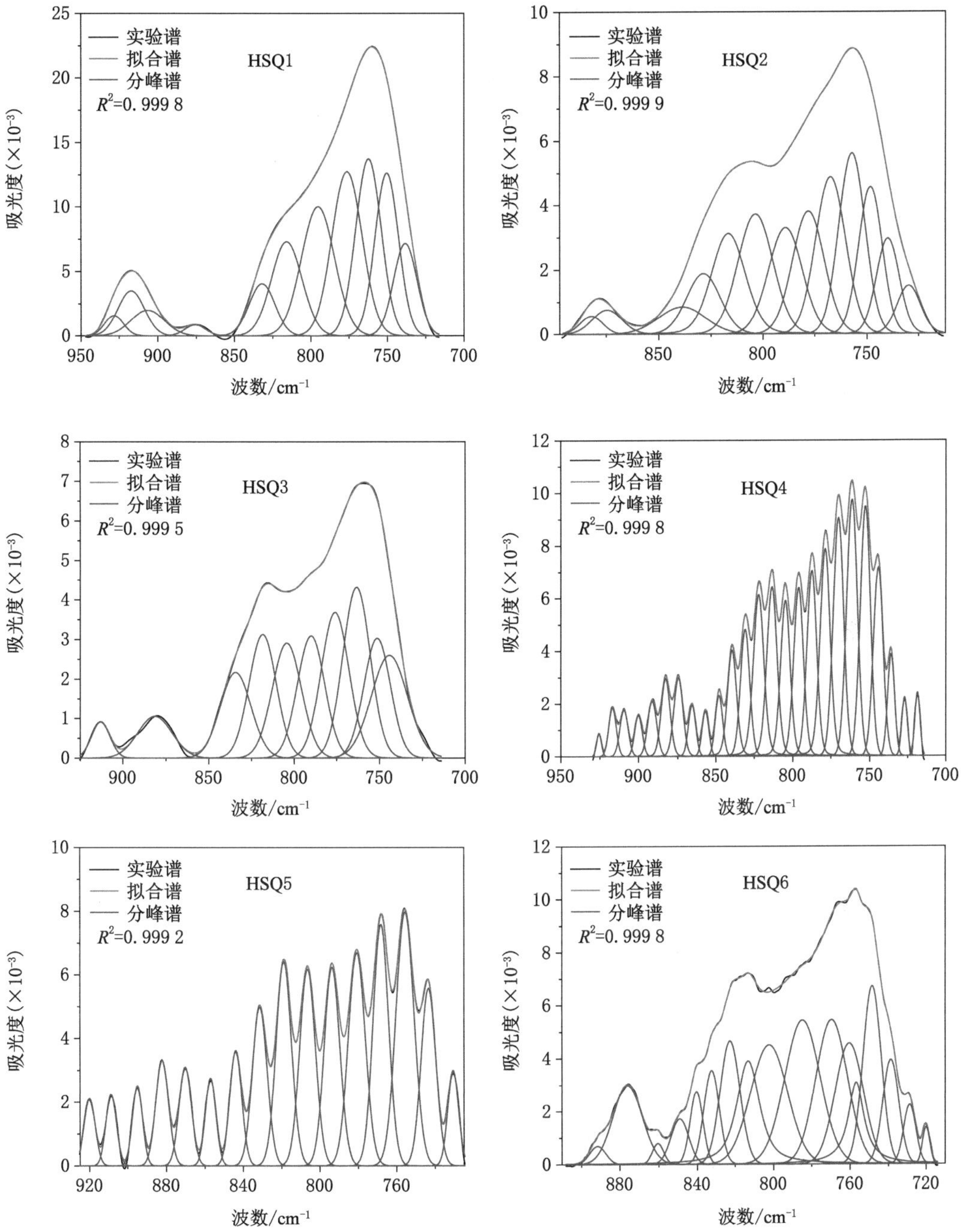

图 3.14　700～900 cm^{-1}芳香结构 FTIR 拟合图谱

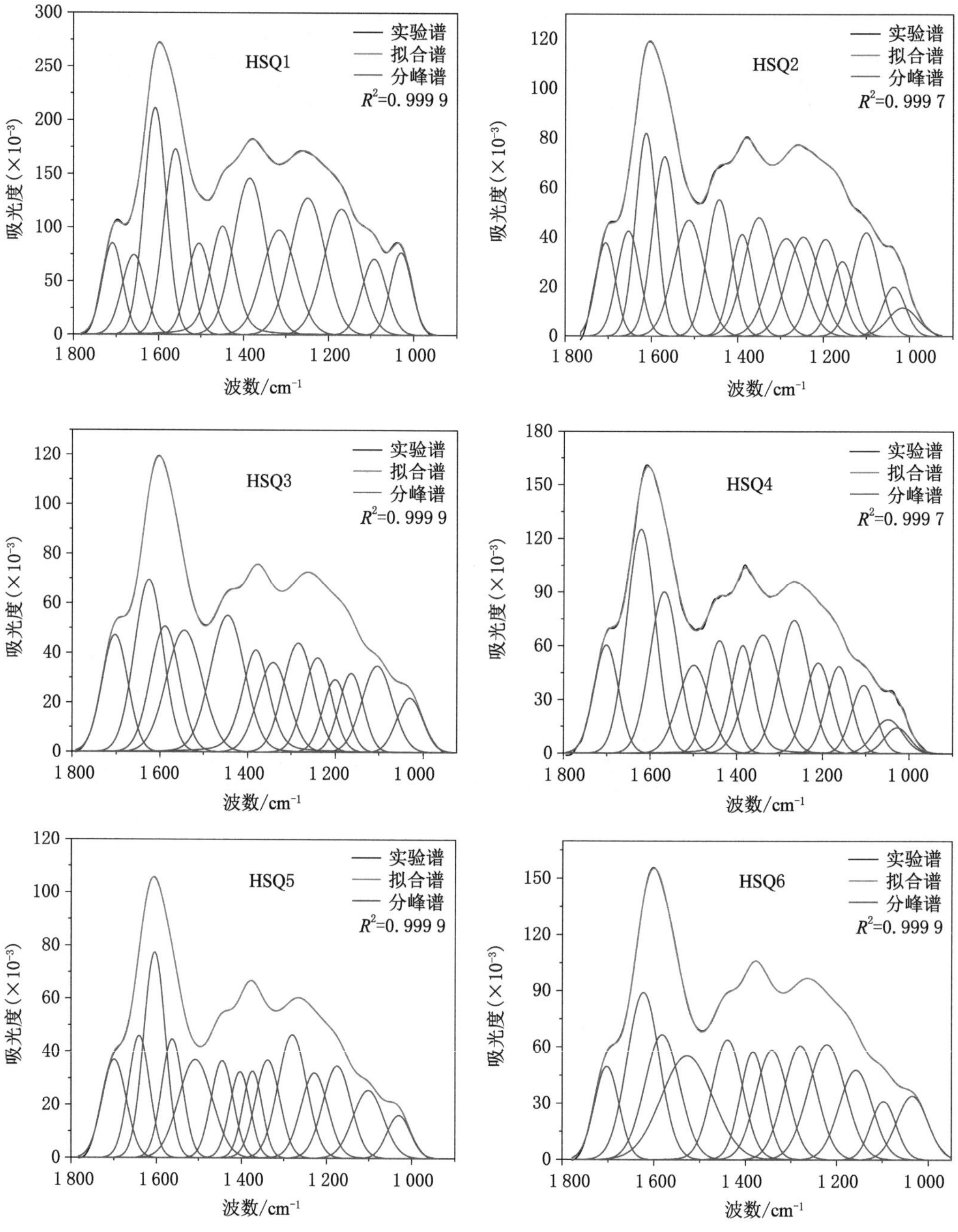

图 3.15　1 000～1 800 cm^{-1} FTIR 拟合图谱

香族中酸酐 C═O 的振动峰的面积也会随着镜质组含量的增加呈现逐渐降低的趋势。

3.3.3　煤中脂肪烃

HSQ 煤样 6 个产品脂肪烃区的主要特征峰占比列于表 3.11，拟合图谱如图 3.16 所示(扫描二维码可见彩图)。

表 3.11　HSQ1～6 样品 2 800～3 000 cm^{-1} 吸收峰段特征峰归属表

样品名称	镜质组含量/%	峰位/%	
		2 923 cm^{-1}	2 956 cm^{-1}
HSQ1	35.60	55.97	13.96
HSQ2	47.40	57.03	10.80
HSQ3	53.00	53.84	15.34
HSQ4	62.00	54.61	13.66
HSQ5	62.60	53.24	15.83
HSQ6	66.50	61.87	13.60

通过表 3.11 可知，脂肪族中峰位在 2 923 cm^{-1} 附近的亚甲基不对称伸缩振动峰随着镜质组含量的增加，呈现逐渐增多趋势；峰位在 2 956 cm^{-1} 附近的甲基不对称伸缩振动峰随着镜质组含量的增多整体的数据有上升的趋势，其各自占比的增多不能代表脂肪烃的多少，这和各样品的总体含量相关，需要结合其他参数，统一尺度进行比较。

3.3.4　煤中羟基区

图 3.17 所示是 HSQ 煤分离产品红外光谱中 3 000～3 600 cm^{-1} 之间的羟基区的拟合图谱(扫描二维码可见彩图)，可观察到每个产品拟合图谱的拟合度均达到了 99.00%以上，拟合度较高，此区段中包括了煤中 6 种羟基形成的氢键的振动特征峰，分别是自由羟基、羟基和 π 键形成的氢键、自由缔合羟基形成的氢键、羟基和醚中的氧形成的氢键、成环状紧密缔合的羟基形成的氢键、羟基和 N 原子形成的氢键。

3.3.5　定量参数及其变化规律

HSQ1～6 号样品所计算的红外定量参数结果列于表 3.12。

表 3.12　HSQ1～6 煤样红外定量参数

样品	I_1	I_2	I_3	I_4	I_6	I_7
HSQ1	0.09	0.85	0.26	1.68	0.67	4.01
HSQ2	0.17	1.02	0.17	1.78	0.31	5.28
HSQ3	0.12	0.72	0.23	0.65	0.31	3.51
HSQ4	0.12	0.62	0.24	1.00	0.41	4.00
HSQ5	0.13	0.71	0.24	1.62	0.49	3.36
HSQ6	0.12	0.79	0.23	0.75	0.52	4.55

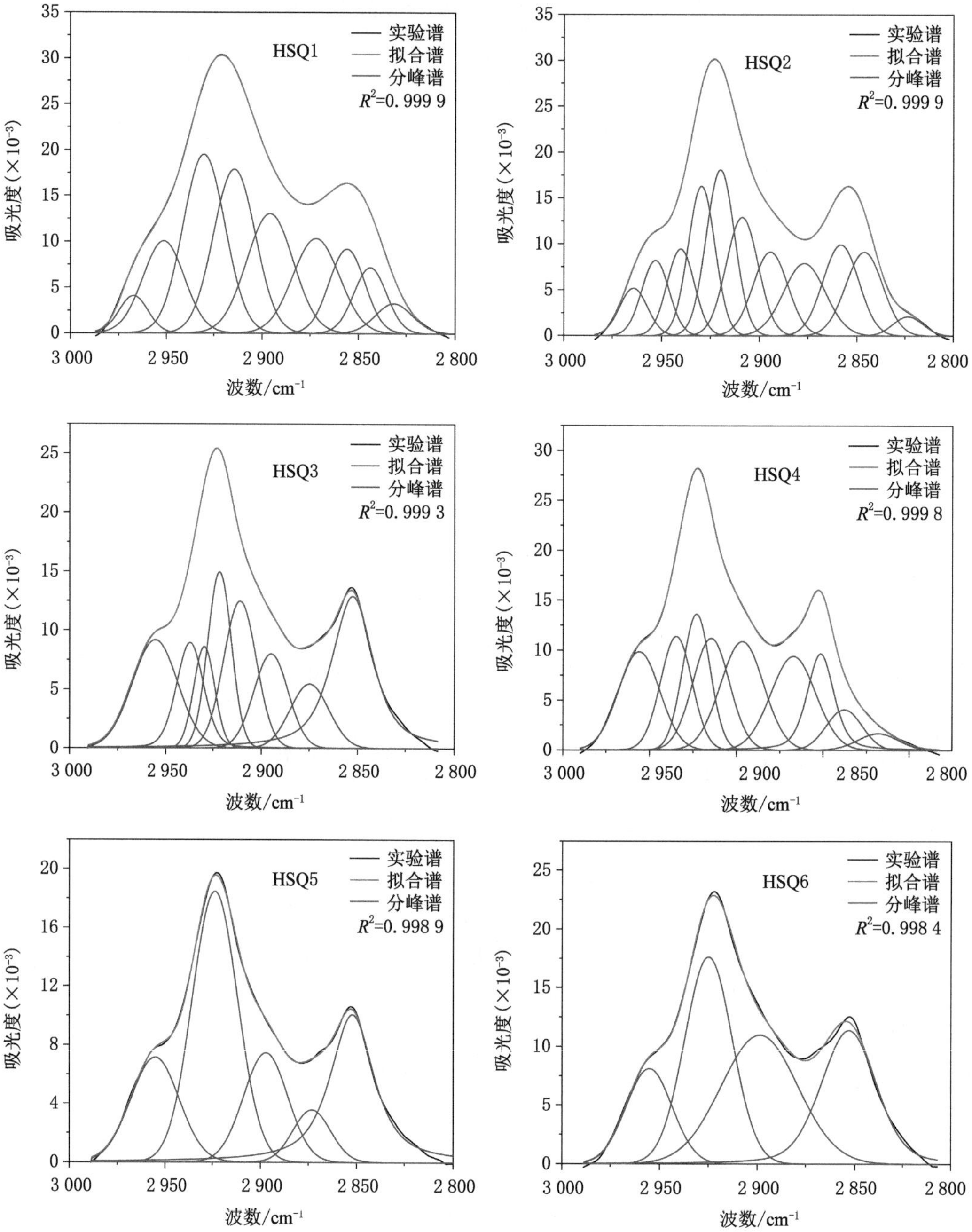

图 3.16　2 800～3 000 cm^{-1}脂肪结构 FTIR 拟合图谱

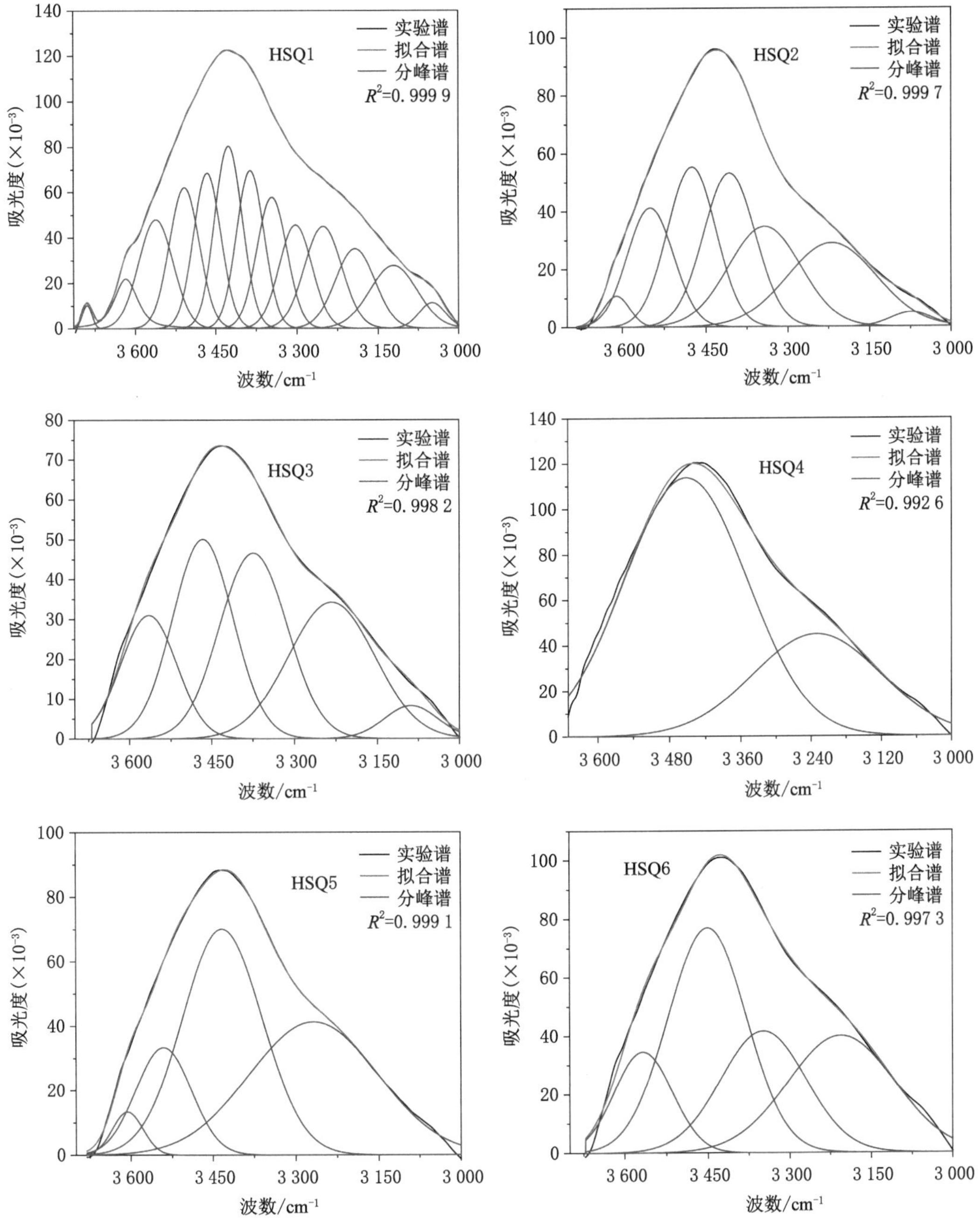

图 3.17　3 000～3 700 cm⁻¹ FTIR 拟合图谱

在图 3.18 中，总脂肪度 I_1、I_2 和镜质组含量表现出了不同的变化趋势，I_1 和镜质组含量呈现正相关关系，I_2 却和镜质组含量呈现负相关关系，其中的原因可能是 I_2 的计算公式中，除过 2 800～3 000 cm^{-1}之间的区域外，还存在 1 460 cm^{-1}和 1 380 cm^{-1}附近的 C—H 振动吸收峰，不仅受到一处振动吸收峰面积的影响，所以可能会导致变化规律出现偏差。I_3 和镜质组含量呈现负相关关系，随镜质组含量的增加，有机组分中的氧含量逐渐降低。I_4 代表脂肪族中脂肪链的长短，随镜质组含量的增加，脂肪族侧链越长。I_6 和 I_7 分布规律不明显。

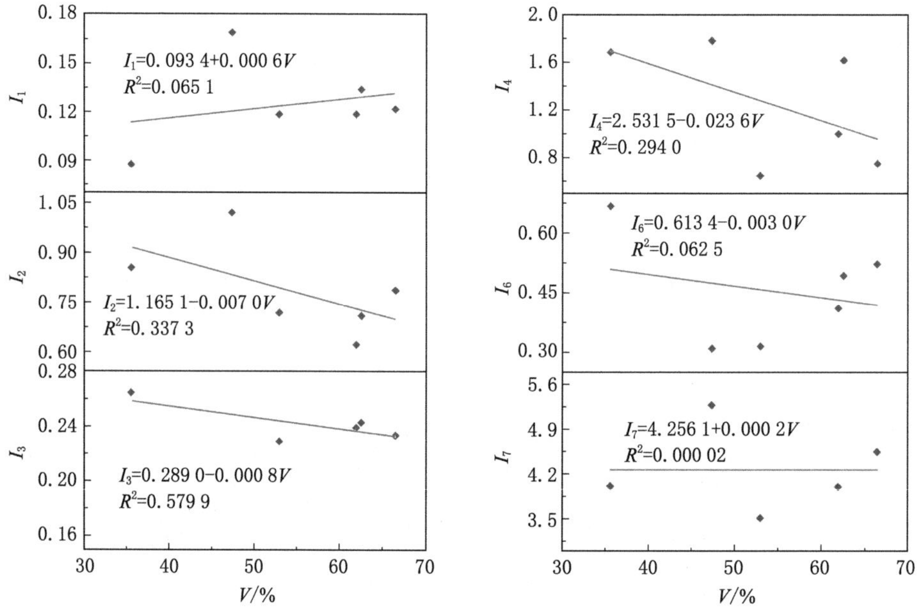

图 3.18　红外光谱定量评价参数与镜质组含量的关系

3.4　五彩湾矿区典型煤种显微组分化学结构特征

图 3.19 所示是 WCW 煤分离产品的红外光谱的总谱图，在红外光谱图中，一共有 4 个明显的吸收峰段，可以明显观察到，在峰位为 1 000～1 800 cm^{-1}以及 3 000～3 600 cm^{-1}之间特征峰是主要的吸收峰位。在后续的拟合分析中，分为 4 段进行拟合并统计拟合结果。

3.4.1　煤中芳香氢(指纹区)

图 3.20 所示是 WCW 煤分离产品的红外光谱 700～900 cm^{-1}的吸收峰拟合图谱(扫描二维码可见彩图)，代表的是煤中芳香环的上 4 种不同取代方式的氢，拟合的统计结果如表 3.13 所示。

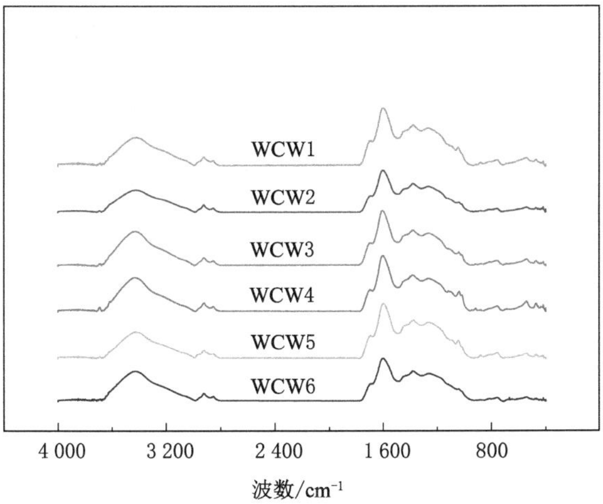

图 3.19　WCW1～6 样品红外光谱图

表 3.13　WCW1～6 样品 700～900 cm^{-1} 吸收峰段特征峰归属表

样品名称	镜质组含量/%	特征峰类型			
		苯环二取代/%	苯环三取代/%	苯环四取代/%	苯环五取代/%
WCW1	43.50	21.41	47.52	18.80	12.27
WCW2	44.10	27.39	36.21	28.28	8.13
WCW3	46.10	11.12	52.70	21.81	14.37
WCW4	46.70	11.04	44.42	27.03	17.51
WCW5	47.50	10.85	43.88	28.06	17.20
WCW6	64.80	10.66	43.39	36.87	9.08

根据表 3.13 的统计结果所示，镜质组含量的差距较小，苯环二取代的方式随着镜质组含量的增加，呈现逐渐减小的趋势，苯环三取代也有小范围的下降，苯环四取代的方式逐渐增大，即使数据存在一定的波动情况，但仍然能理解其变化趋势，芳香族中苯环上的氢被取代的方式其实代表的是芳香族的缩合程度，惰质组含量越多，缩合程度越高。

3.4.2　煤中含氧官能团

图 3.21 所示是 WCW 分离产品红外光谱的 1 000～1 800 cm^{-1} 区段的含氧官能团吸收峰拟合图谱(扫描二维码可见彩图)，拟合图谱的部分统计结果如表 3.14 所示。

在表 3.14 中，可以观察到峰位在 1 600 cm^{-1} 附近芳烃中的 C═C 骨架振动特征峰，在镜质组含量最高的 WCW6 样品中的含量最低，为 14.66%，随着镜质组含量的增加，呈现逐渐下降的趋势，由于惰质组的减少，芳烃类的结构也会随之减少，C═C 骨架所能提供的吸收强度就随之下降。同理，峰位在 1 700 cm^{-1} 附近芳香族中酸酐 C═O 伸缩振动特征峰的占比逐渐下降的原因也是如此。

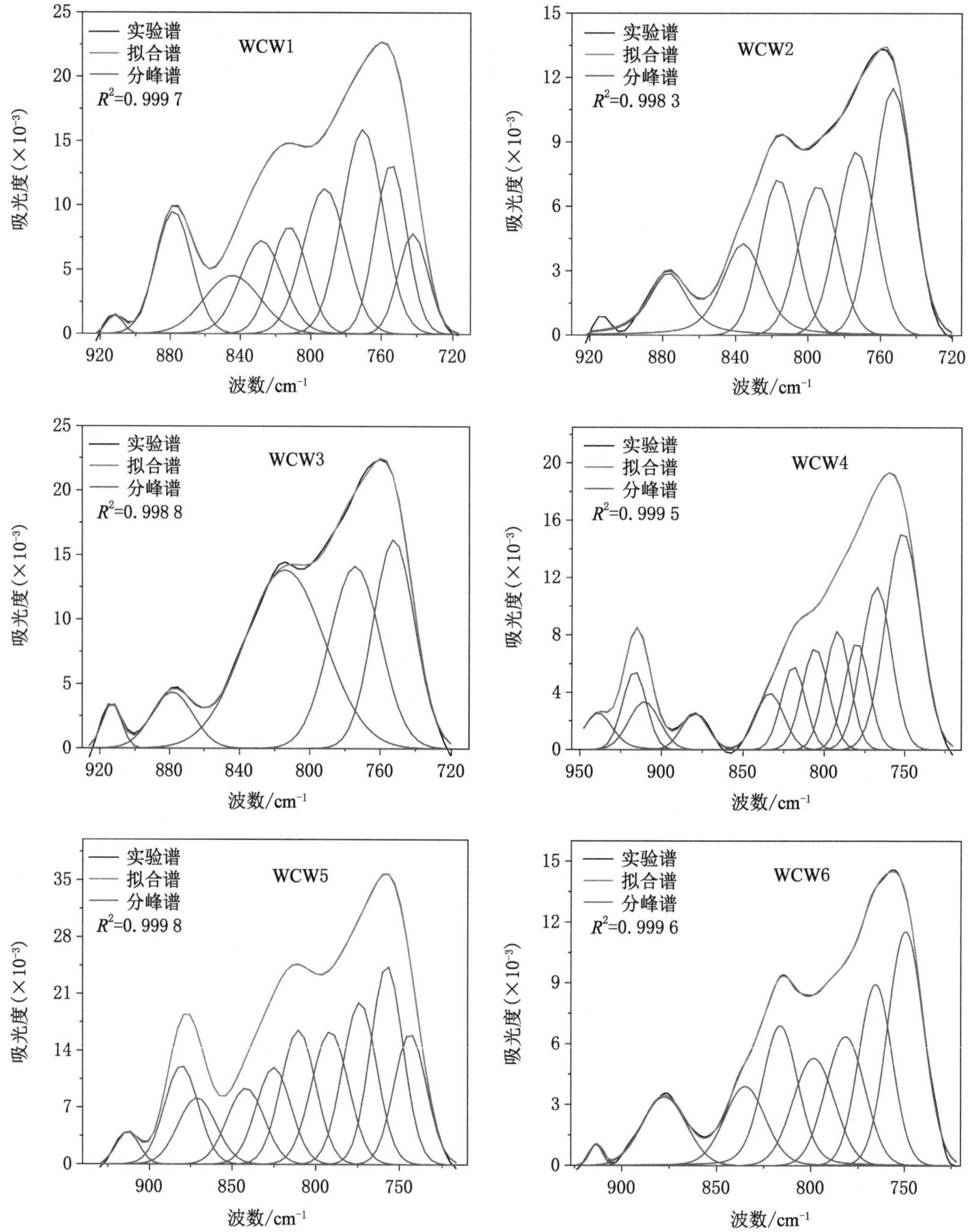

图 3.20　700～900 cm⁻¹芳香结构 FTIR 拟合图谱

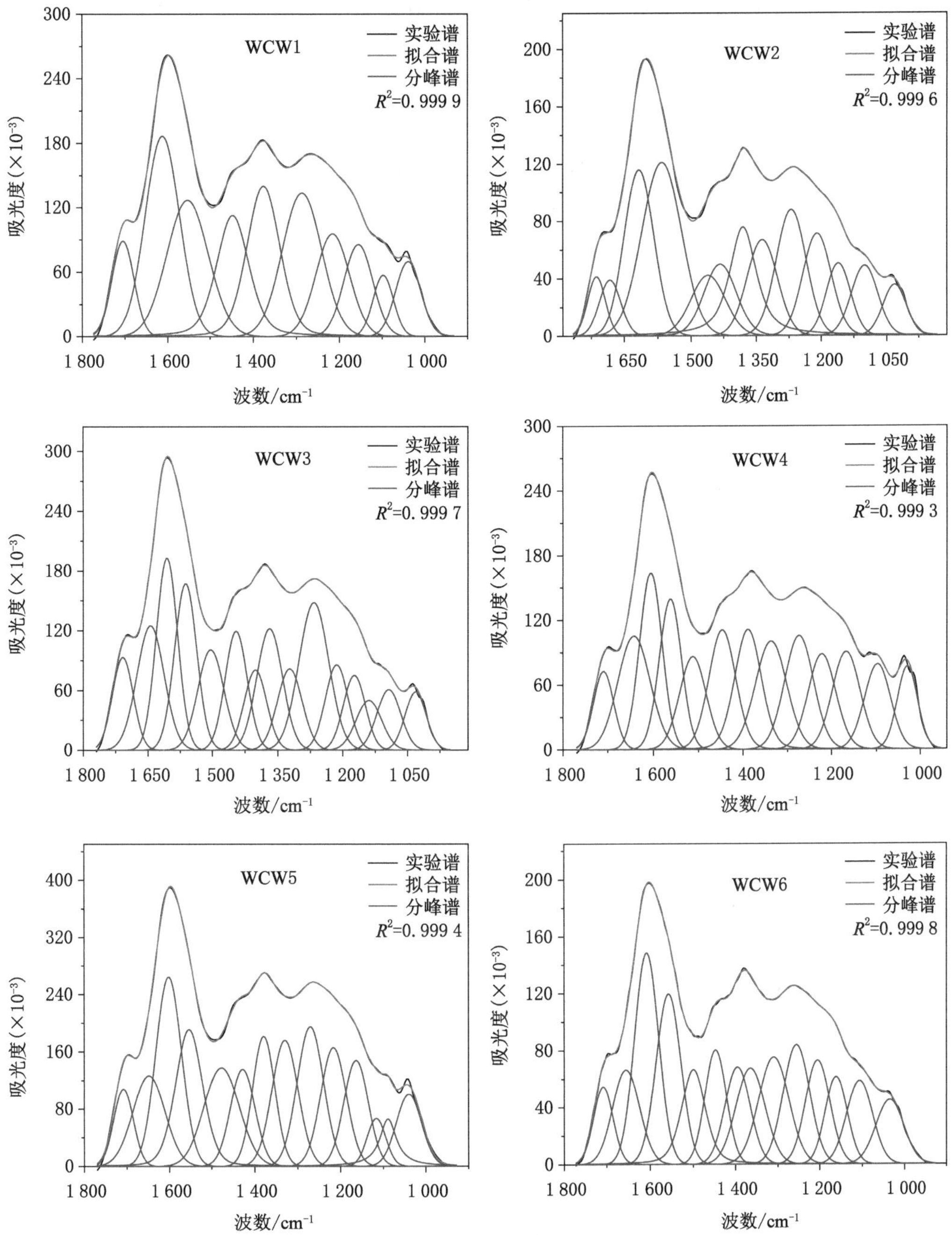

图 3.21　1 000～1 800 cm^{-1}FTIR 拟合图谱

表 3.14　WCW1～6 样品 1 000～1 800 cm^{-1} 吸收峰段特征峰归属表

样品名称	镜质组含量/%	峰位/%			
		1 380 cm^{-1}	1 460 cm^{-1}	1 600 cm^{-1}	1 700 cm^{-1}
WCW1	43.50	9.26	7.65	22.39	3.69
WCW2	44.10	10.84	3.74	20.51	4.01
WCW3	46.10	8.17	4.35	18.82	3.17
WCW4	46.70	5.82	5.70	23.02	2.74
WCW5	47.50	5.19	4.25	16.09	2.71
WCW6	64.80	8.53	4.01	14.66	2.44

3.4.3　煤中脂肪烃

WCW 煤样 6 个产品脂肪烃区的主要特征峰占比列于表 3.15，拟合图谱如图 3.22 所示（扫描二维码可见彩图）。

表 3.15　WCW1～6 样品 2 800～3 000 cm^{-1} 吸收峰段特征峰归属表

样品名称	镜质组含量/%	峰位/%	
		2 923 cm^{-1}	2 956 cm^{-1}
WCW1	43.50	49.93	17.33
WCW2	44.10	48.21	14.67
WCW3	46.10	53.27	11.91
WCW4	46.70	55.34	12.34
WCW5	47.50	51.35	19.80
WCW6	64.80	49.69	11.09

如表 3.15 所示，两个主要的峰位 2 923 cm^{-1} 和 2 956 cm^{-1} 的特征峰统计结果显示，WCW4 煤样中的 CH_3 不对称伸缩振动特征峰的占比最大，为 55.34%，WCW5 样品中 CH_2 不对称伸缩振动特征峰的占比最大，为 19.80%，数据由于分布较为紧密，其含量和镜质组含量的相关关系不太明朗，呈现上下波动的规律。

3.4.4　煤中羟基区

图 3.23 所示是 WCW 煤分离产品红外光谱中 3 000～3 600 cm^{-1} 之间的羟基区的拟合图谱（扫描二维码可见彩图），此区段中包括了煤中 6 种羟基形成的氢键的振动特征峰，存在形式复杂，且此结果对本书中的研究结论影响不大，故不做过多分析。

3.4.5　定量参数及其变化规律

根据红外光谱的分析结果，再通过第 2 章红外定量评价参数的计算公式，将 WCW1～6 号样品所计算的红外定量参数结果列于表 3.16。

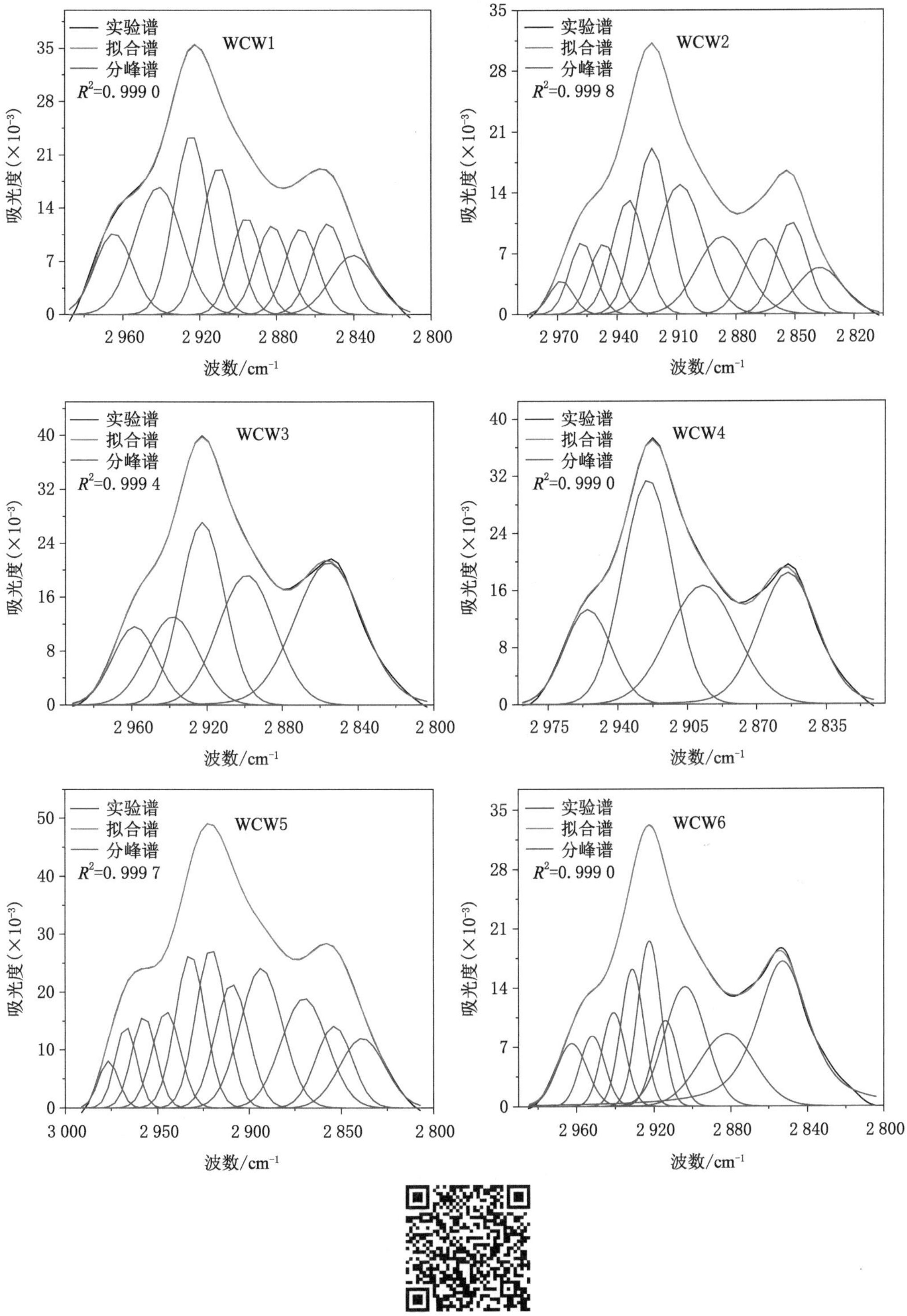

图 3.22　2 800～3 000 cm^{-1}脂肪结构 FTIR 拟合图谱

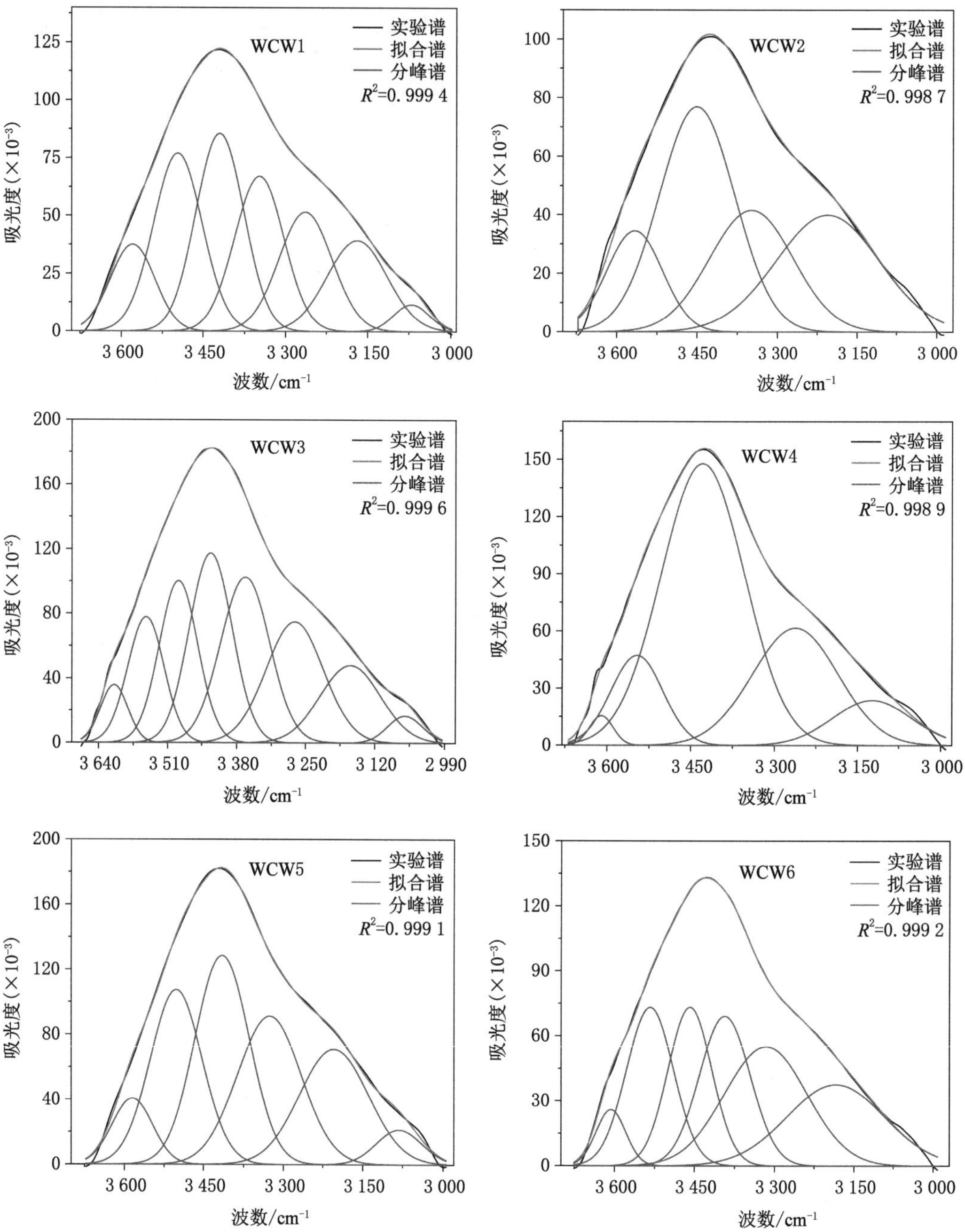

图 3.23　3 000～3 700 cm^{-1} FTIR 拟合图谱

表 3.16　WCW1～6 煤样红外定量参数

样品	I_1	I_2	I_3	I_4	I_6	I_7
WCW1	0.09	0.84	0.16	1.21	0.73	2.88
WCW2	0.10	0.81	0.20	2.90	0.49	3.29
WCW3	0.10	0.77	0.17	1.88	0.71	4.47
WCW4	0.08	0.58	0.12	1.02	0.56	4.48
WCW5	0.12	0.71	0.17	1.22	0.79	2.59
WCW6	0.13	0.99	0.17	2.13	0.47	4.48

图 3.24 所示是 WCW 煤分离不同煤岩组分红外定量参数和镜质组含量的关系，由于前 5 个产品的分离效果不佳，均分布在 40%～50%之间，所以数据会在某一部分出现“聚堆”现象，但依然可以观察到其变化规律。I_1、I_2 和镜质组含量呈现正相关关系，拟合度较高，分别为 57.84%和 39.44%，富氧程度参数 I_3 的变化较小，可能是由于煤中各部分差异性较小，煤中有机组分的氧含量基本不发生变化。I_4 和镜质组含量呈正相关关系，I_6 和镜质组含量呈负相关关系，镜质组含量较高时芳香度较低。I_7 在镜质组含量较高时，脂肪族侧链较多，脂肪族类的物质较多。

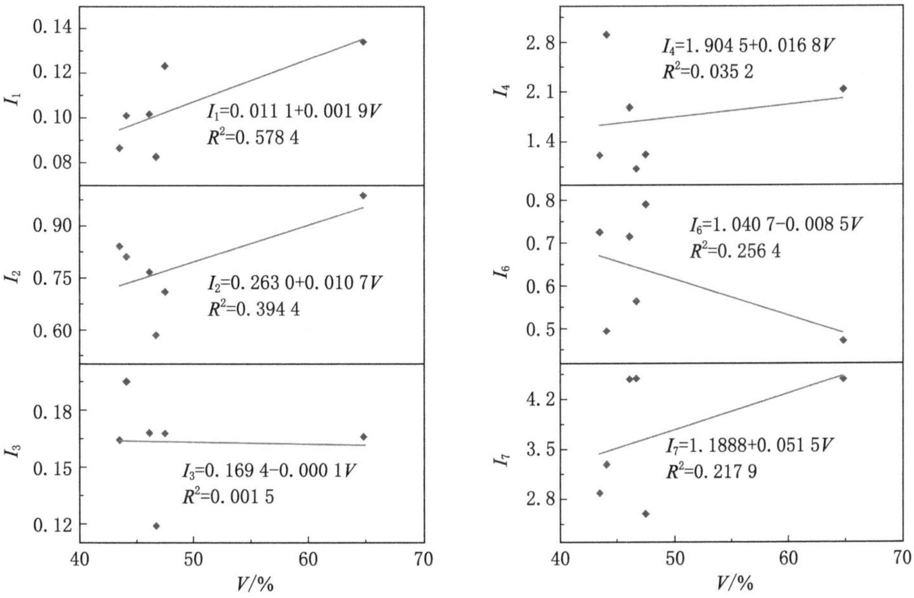

图 3.24　红外光谱定量评价参数与镜质组含量的关系

第 4 章　典型低阶煤显微组分特征的表面化学特性

4.1　神府煤显微组分表面官能团特征

图 4.1 所示是 DBD1～7 样品 XPS 光谱图，在电子结合能为 284.8 eV 对应的为 C1s 所在位置。对浮沉离心法分离后产品的 XPS 的 C1s 谱图进行分峰拟合，拟合结果见图 4.2（扫描二维码可见彩图），关于 C 的存在形态在拟合结果中主要呈现出 5 种，分别是 C—C、C—H、C—O、C═O 、COO—。各样品 C1s 形态分布及相对含量见表 4.1。

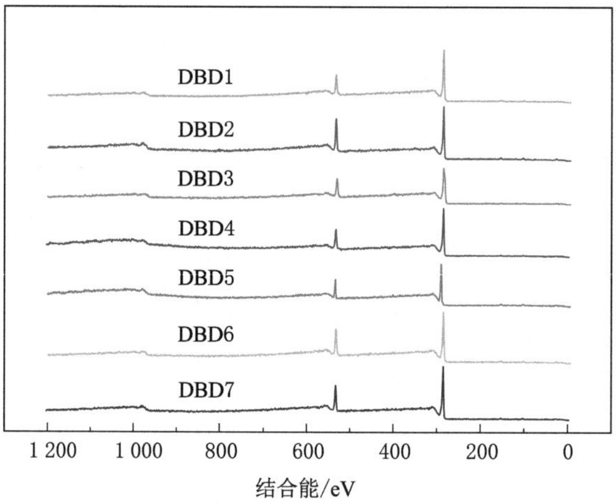

图 4.1　DBD1～7 样品 XPS 光谱图

表 4.1　DBD1～7 样品 C1s 形态分布及相对含量

样品	C1s 存在形态/%			
	C—C/C—H	C—OH/C—O—C	C═O	COO—
DBD1	73.10	17.62	—	9.29
DBD2	75.60	14.26	—	10.14
DBD3	77.36	16.67	—	5.97
DBD4	83.24	13.97	—	6.47
DBD5	78.58	—	10.91	10.51
DBD6	79.15	7.23	—	13.63
DBD7	80.16	—	11.64	8.20

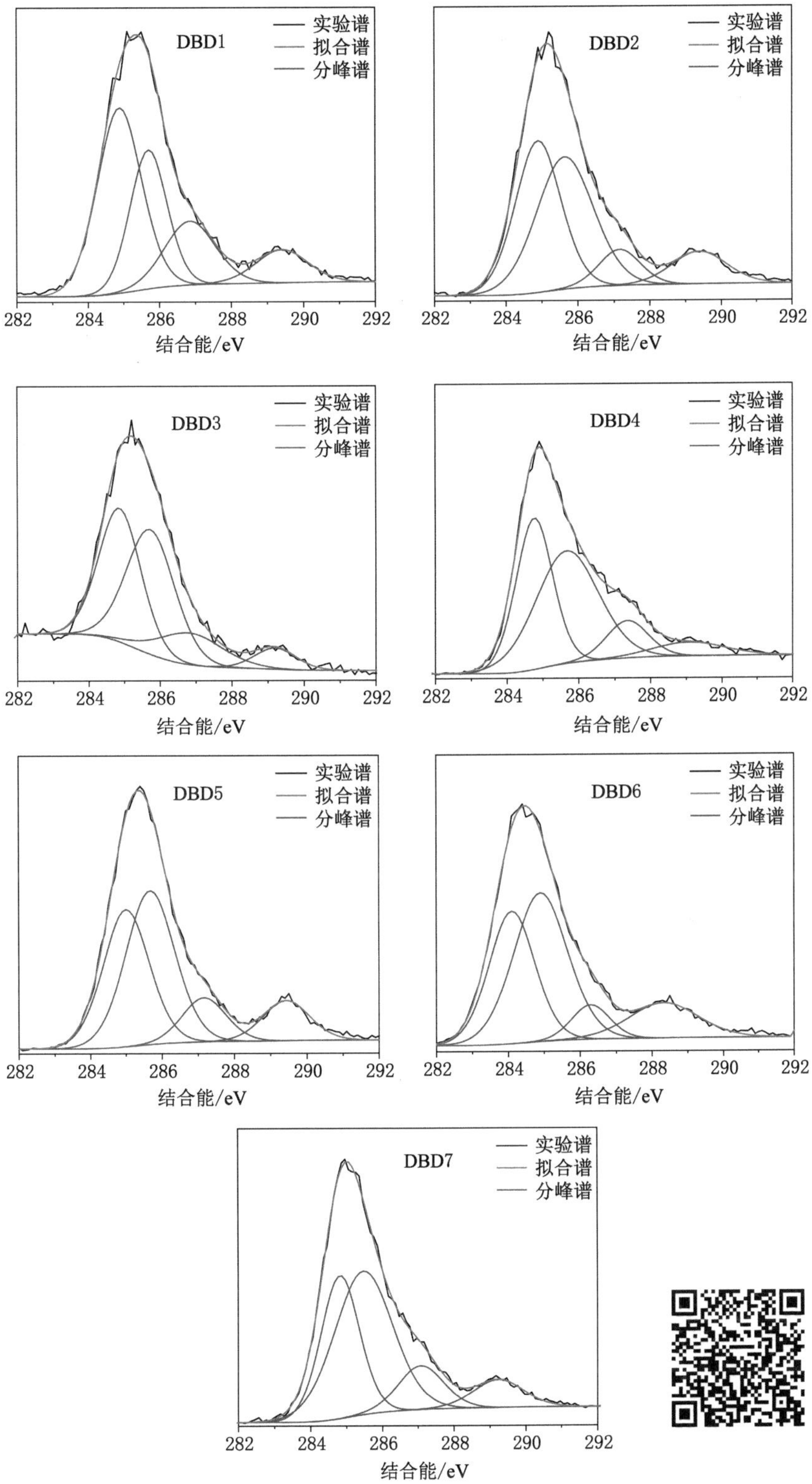

图 4.2　DBD1～7 样品 XPS 的 C1s 拟合图谱

由表 4.1 可知，除去 DBD4 的离异数据值后，随着镜质组含量的增加，C—C、C—H 的占比呈现逐渐上升的趋势，这是由于镜质组中含有较多的脂肪族结构，这和 FTIR 以及 XRD 的分析结果基本相同。可以明显地观察到，在镜质组含量较少、惰质组含量较多的时候，烷基侧链也会较少，又由于惰质组的芳香度较高，醚碳/酚碳(C—O)的质量分数较大，在惰质组含量较少时，质量分数较小。

4.2 大井矿区显微组分表面官能团特征

图 4.3 所示是 NLT 煤样的 XPS 图谱总图，在此分析中只采用 C 元素的 XPS 图谱，拟合图谱如图 4.4 所示(扫描二维码可见彩图)，在拟合的过程中，以 C1s 标准结合能(248.8 eV)为定标标准进行校正，表 4.2 为 C1s 存在形态及相对含量结果统计。

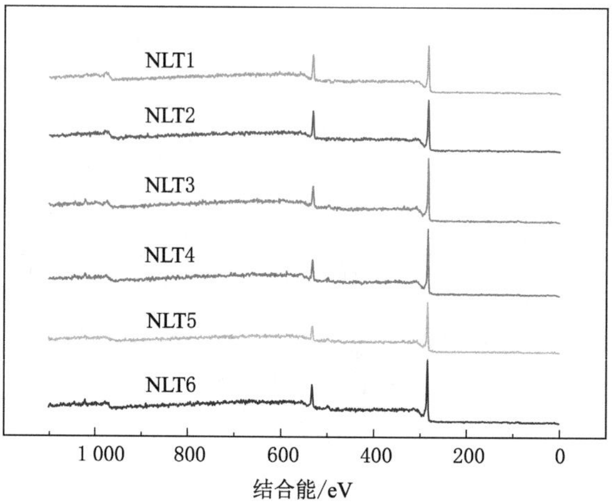

图 4.3 NLT1～6 样品 XPS 光谱图

表 4.2 NLT1～6 样品 C1s 形态分布及相对含量

样品	C1s 存在形态/%			
	C—C/C—H	C—OH/C—O—C	C═O	COO—
NLT1	40.40	34.84	13.72	11.04
NLT2	32.77	41.73	15.82	9.67
NLT3	63.70	30.28	—	6.02
NLT4	58.42	35.86	—	5.71
NLT5	59.52	34.39	—	6.08
NLT6	74.89	19.14	—	5.98

由图 4.4 和表 4.2 可得，在 NLT 煤中，煤中 C 元素的主要存在形态有 5 种，即 C—C、C—H、C—O、C═O、COO—，在结果中可以明显观察到 C═O 在镜质组含量较低时有，而镜质组含量增加后，拟合结果中未出现 C═O，这一结果可能并不准确，但能推断出在惰质组

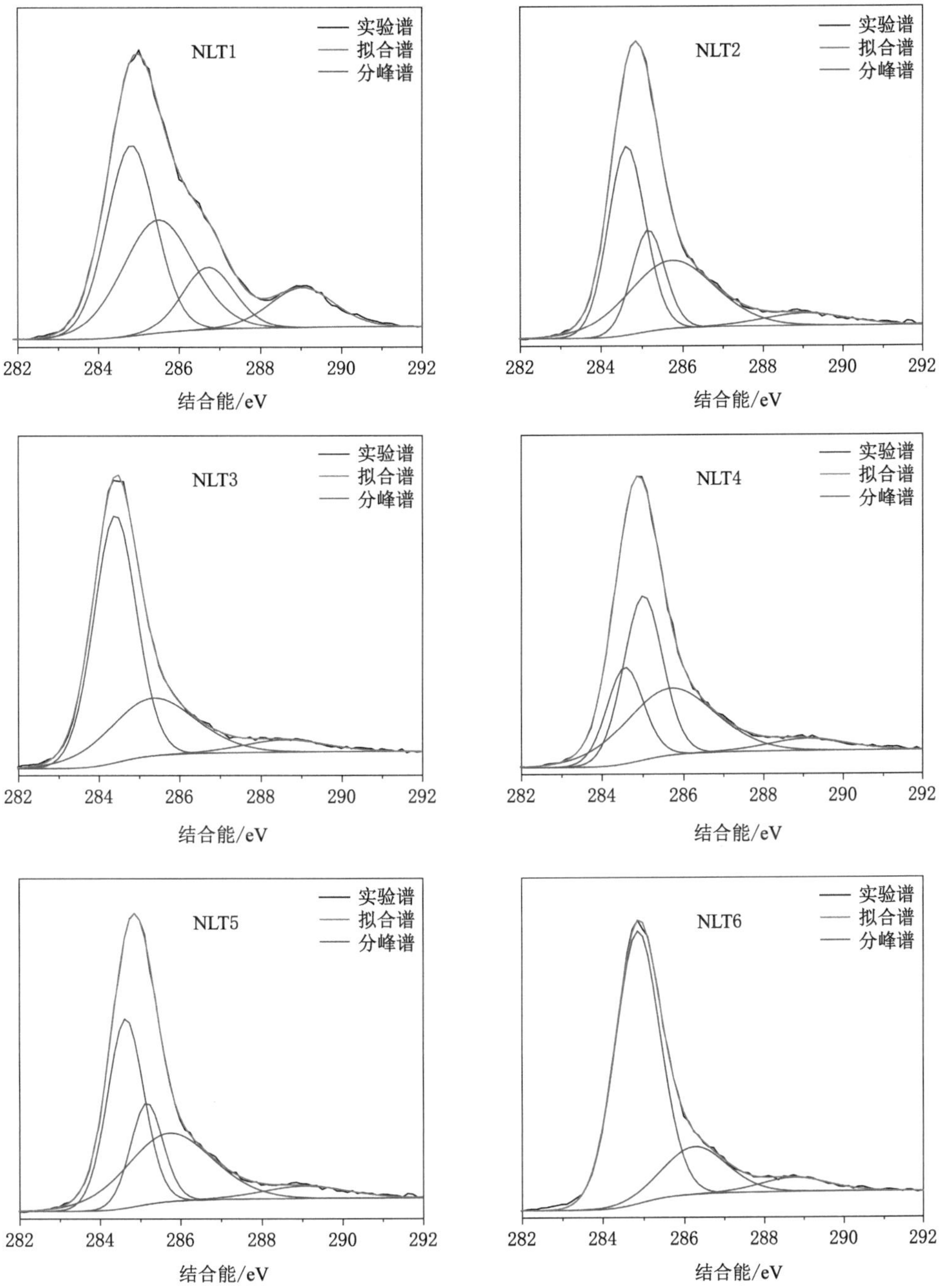

图 4.4　NLT1～6 样品 XPS 的 C1s 拟合图谱

含量较少时,C═O类型的键能提供的衍射强度有限,故有可能拟合结果不能体现。除此之外,含量最多的C—C和C—H随着镜质组含量的增加呈现逐渐增加的趋势,说明镜质组中所含的脂肪烃类物质更多,对比DBD样品中的结果,也有类似的变化规律,神府煤和准东煤在XPS分析上的变化规律较为一致。

4.3 西黑山矿区显微组分表面官能团特征

图4.5所示是HSQ样品的XPS总谱图,在结果中只分析C元素的存在形态,图4.6所示是C元素的分峰拟合图谱(扫描二维码可见彩图)。C元素的存在形态的相对含量统计结果如表4.3所示。

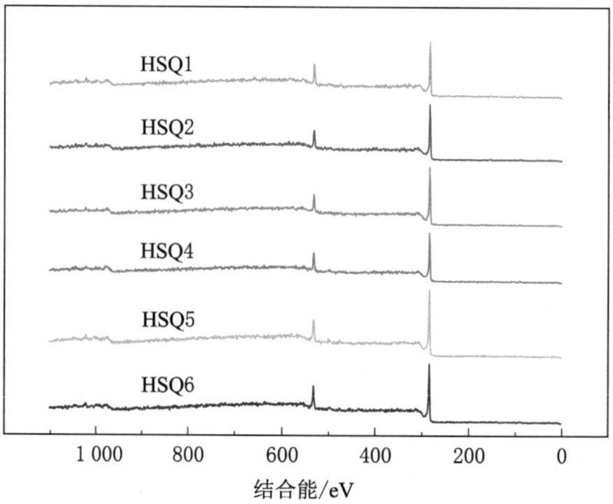

图4.5 HSQ1～6样品XPS光谱图

表4.3 HSQ1～6样品C1s形态分布及相对含量

样品	C1s存在形态/%			
	C—C/C—H	C—OH/C—O—C	C═O	COO—
HSQ1	63.56	30.29	—	6.15
HSQ2	68.52	27.74	—	3.74
HSQ3	60.77	32.79	—	6.44
HSQ4	61.75	30.89	—	7.35
HSQ5	52.09	37.00	—	10.90
HSQ6	54.45	37.17	—	8.38

由表4.3可知,C元素的存在形态主要包括了5种,其中在HSQ煤样的拟合结果中未拟合出C═O,在镜质组含量逐渐增多时,C—C和C—H的含量有逐渐下降的趋势,C—O的含量呈现逐渐上升的趋势,羧基有轻微上升的趋势。

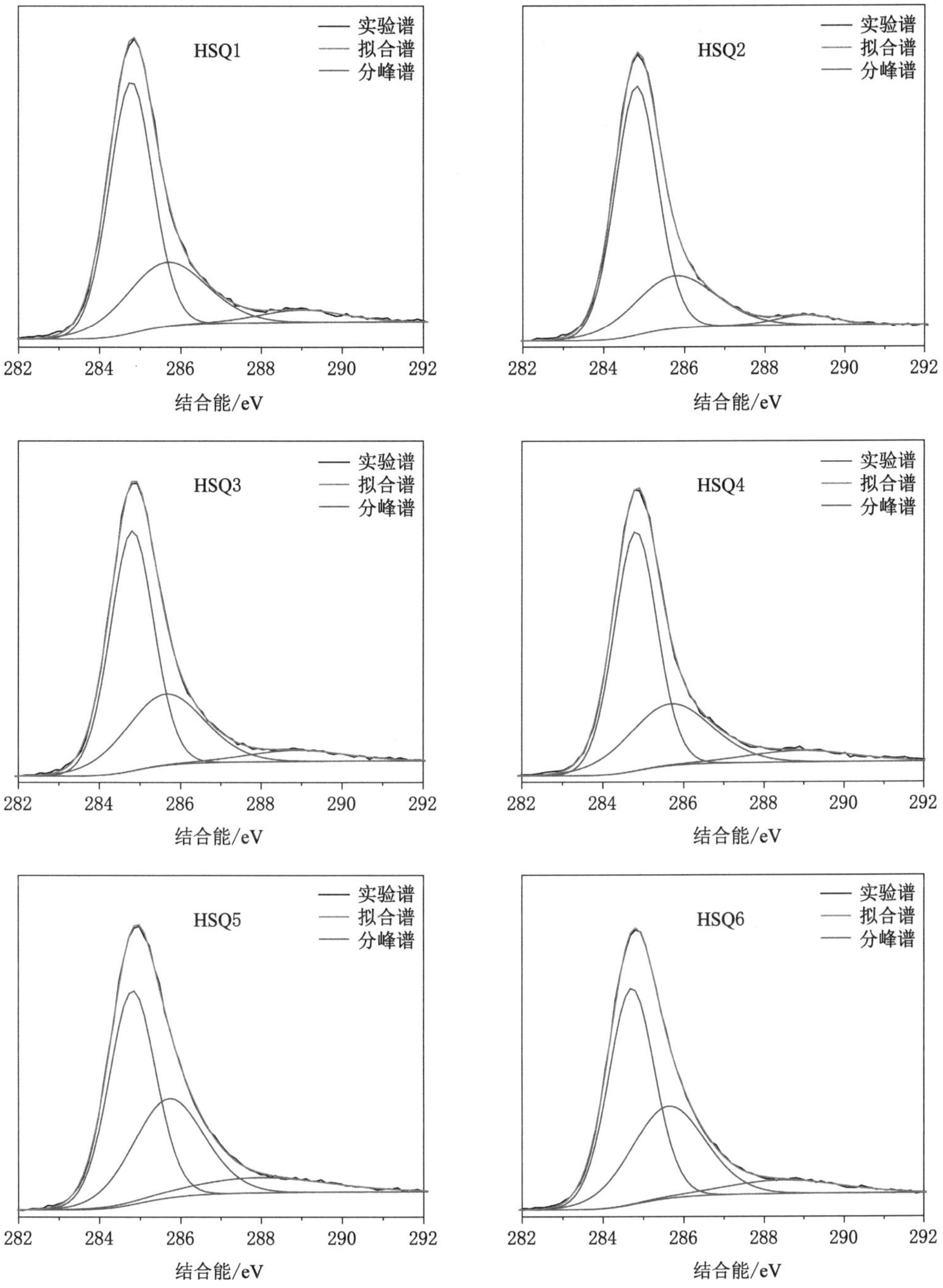

图 4.6　HSQ1～6 样品 XPS 的 C1s 拟合图谱

4.4 五彩湾矿区显微组分表面官能团特征

图 4.7 所示是 WCW 煤分离后各产品的 XPS 总图谱，在此研究中只讨论碳元素的存在形态及含量。图 4.8 所示是各样品的 XPS 图谱中 C1s 的拟合图谱（扫描二维码可见彩图），统计结果见表 4.4。

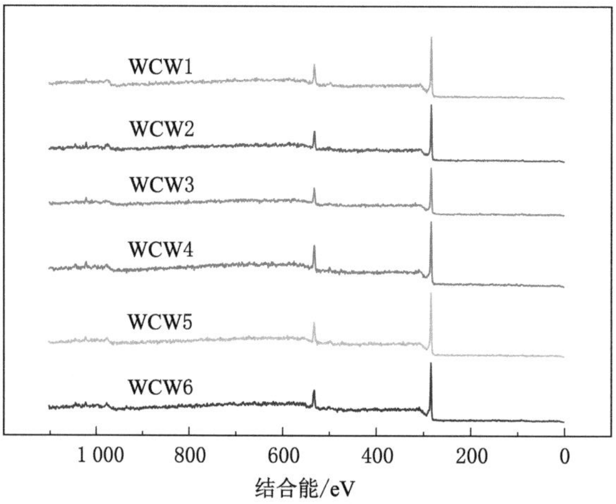

图 4.7 WCW1～6 样品 XPS 光谱图

表 4.4 WCW1～6 样品 C1s 形态分布及相对含量

样品	C1s 存在形态/%			
	C—C/C—H	C—OH/C—O—C	C═O	COO—
WCW1	64.50	30.11	—	5.39
WCW2	55.40	38.52	—	6.08
WCW3	65.21	31.26	—	3.52
WCW4	56.94	37.65	—	5.41
WCW5	58.64	33.01	—	8.36
WCW6	66.46	29.91	—	3.62

由表 4.4 结果可知，在拟合结果中，基本没有出现 C═O 的拟合结果，由于本次的结果中对于含量较高或较低的纯镜质组未出现，所以尚不能确定是否含有此种类型的 C 元素，在镜质组含量分布较密集的 WCW1～5 样品中，C—C、C—H 的总体含量较为波动，上下起伏，但在镜质组含量较高时，即 WCW6 样品中，其含量最高为 66.46%，说明镜质组含量的提高对于 C—C、C—H 这种脂肪烃类的 C 的增多有较大的贡献率。除此之外，C—O 的含量在 WCW6 样品中也是最低的，说明惰质组含量的减少，对于 C—O 的含量的降低是有一定影响的，同样的，COO—也有类似的变化规律。

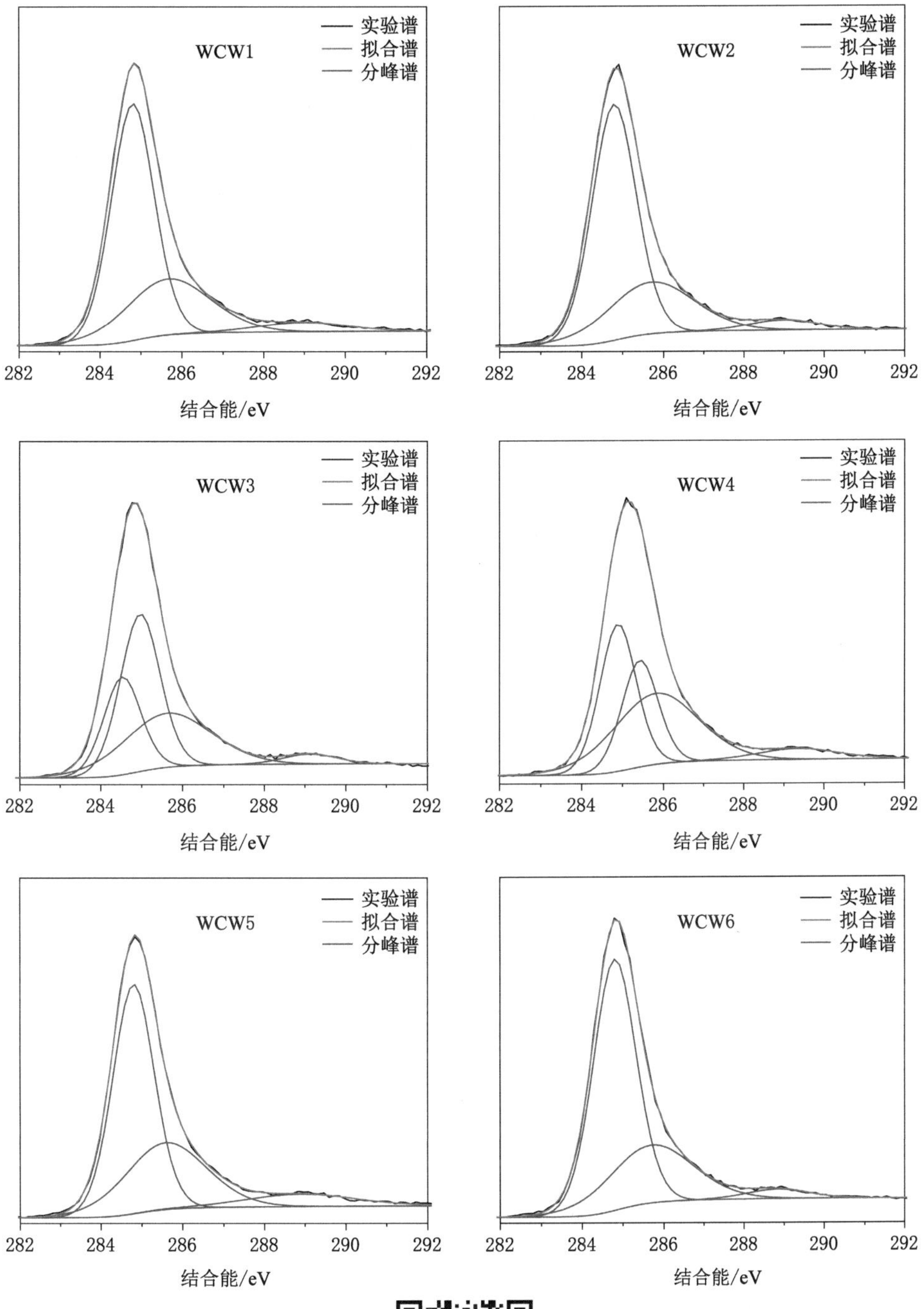

图 4.8　WCW1～6 样品 XPS 的 C1s 拟合图谱

第 5 章　典型低阶煤显微组分特征的碳骨架结构

5.1　神府煤显微组分碳骨架结构特征

DBD1～7 样品的核磁谱图绘于图 5.1，在 C 谱的不同化学位移下，可观察到有两类碳结构，一种是脂肪碳相关结构，包括甲基、亚甲基、醇、醚等；另一类是芳香碳相关结构，由质子化芳香碳、桥接芳碳、烷基取代芳碳等组成，还包括羰基类、羧基类碳结构等[62,63]。^{13}C-NMR 参数计算结果列于表 5.1，拟合结果见图 5.2(扫描二维码可见彩图)。

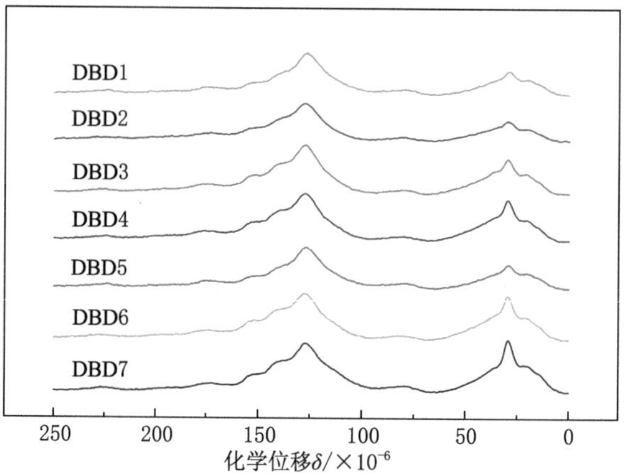

图 5.1　DBD1～7 样品核磁谱图

表 5.1　DBD1～7 样品^{13}C-NMR 参数计算结果　单位：%

样品	f_a	f_a^C	f'_a	f_a^H	f_a^N	f_a^P	f_a^S	f_a^B	f_{al}	f_{al}^H	f_{al}^*	f_{al}^O
DBD1	67.62	7.09	60.53	31.52	29.01	5.97	10.88	12.16	32.38	20.18	7.60	4.59
DBD2	69.34	12.16	57.18	25.88	31.30	6.50	13.67	11.13	30.66	18.91	6.96	4.79
DBD3	65.42	9.30	56.13	26.49	29.63	7.68	12.69	9.26	34.58	23.67	6.45	4.45
DBD4	63.91	10.45	53.47	22.23	31.23	7.44	11.30	12.49	36.09	24.26	6.96	4.87
DBD5	66.62	11.00	55.62	27.39	28.24	7.27	10.90	10.07	33.38	20.57	7.09	5.72
DBD6	62.39	9.46	52.93	21.44	31.49	7.32	11.24	12.93	37.61	24.36	8.25	5.00
DBD7	54.05	5.11	48.93	28.53	20.41	2.38	12.47	5.55	45.95	31.62	9.75	4.59

挑选 f_a、f'_a、f_{al}结构参数探究其和镜质组含量的关系，f_a是总芳香碳质量分数，其中包括了质子化芳香碳、烷基取代芳碳、桥接芳碳、氧接芳碳这 4 个部分，f'_a为芳香碳的质量分数，根据图 5.3 的拟合关系可得，当镜质组含量逐渐增加时，f_a和 f'_a呈现逐渐减少的趋势，为负相关，这和惰质组中含有较多的芳香族结构相关，f_{al}为脂肪碳的总质量分数，随着镜质

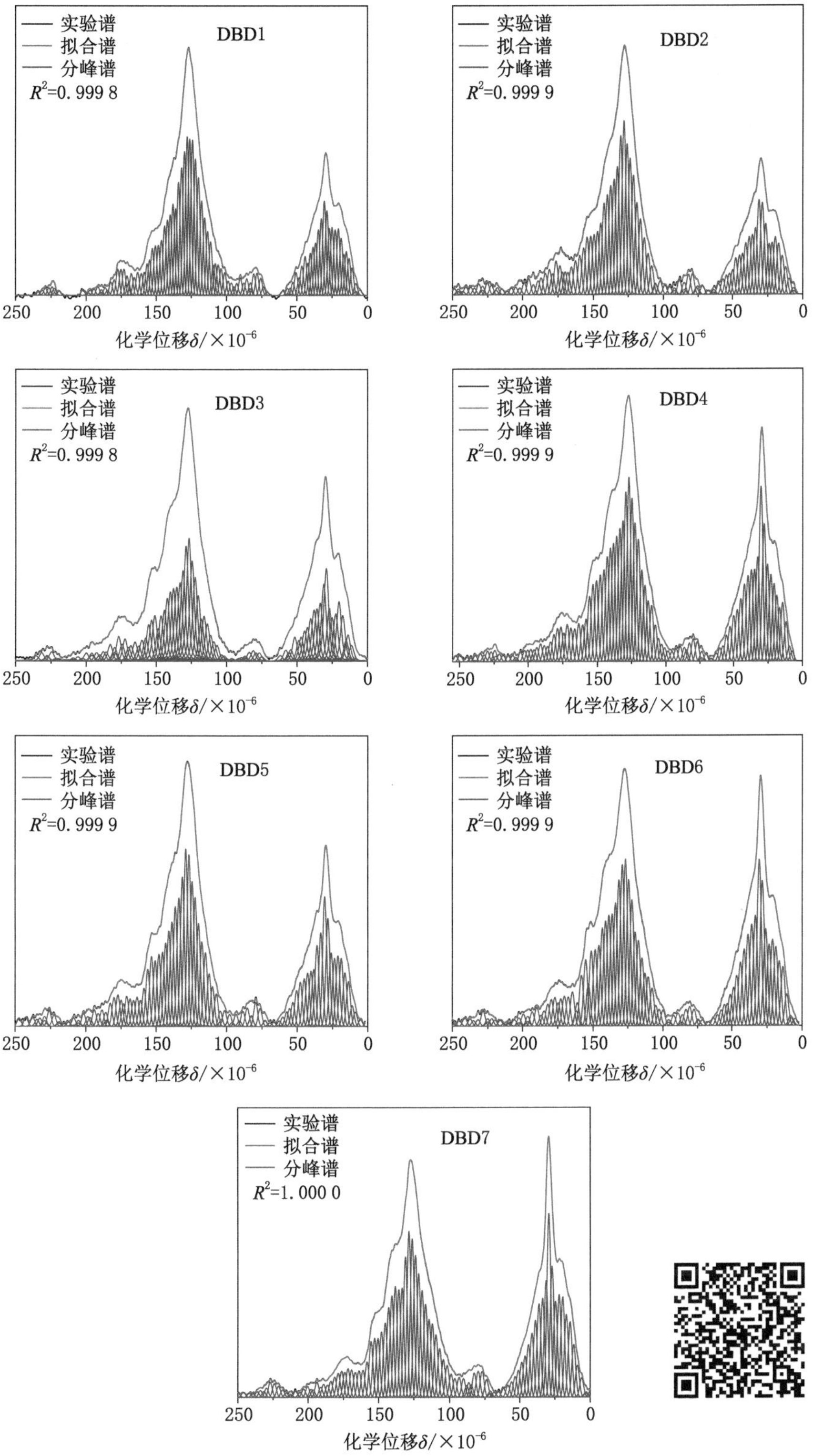

图 5.2　DBD1～7 样品^{13}C-NMR 拟合图谱

组含量的增加，呈现逐渐变大的趋势，为正相关，这和镜质组中含有较多的脂肪族结构有关。芳烃类碳内主控碳类别是质子化芳香碳和桥接芳碳，其占芳烃类碳的比例最低可以达到63.71%，而脂肪类碳的主控碳类别是亚甲基碳，其占脂肪类碳的比例可达33.72%以上，其变化趋势大致和其主控碳类别的变化相同。

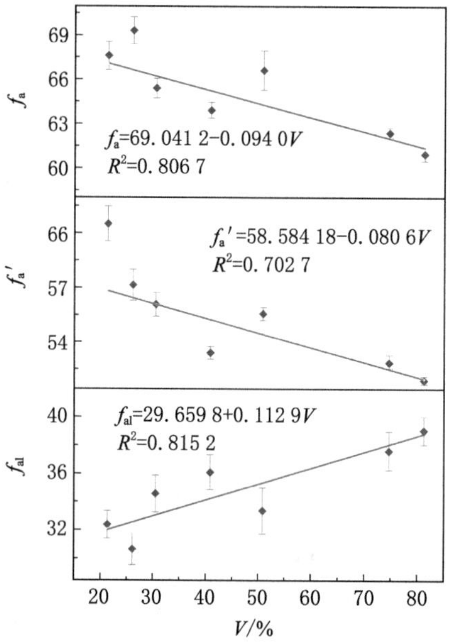

图 5.3　^{13}C-NMR 参数与镜质组含量的关系

5.2　大井矿区显微组分碳骨架结构特征

图 5.4 所示是 NLT 煤的固体核磁总谱图，可以观察到其有两个明显的特征峰，这是脂肪类碳和芳香类碳的特征峰，其拟合图谱如图 5.5 所示(扫描二维码可见彩图)，根据拟合的结果计算的^{13}C-NMR 结构参数列于表 5.2。

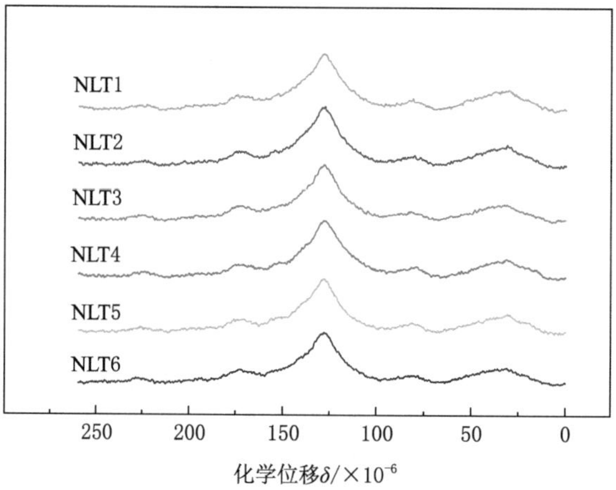

图 5.4　NLT1～6 样品核磁谱图

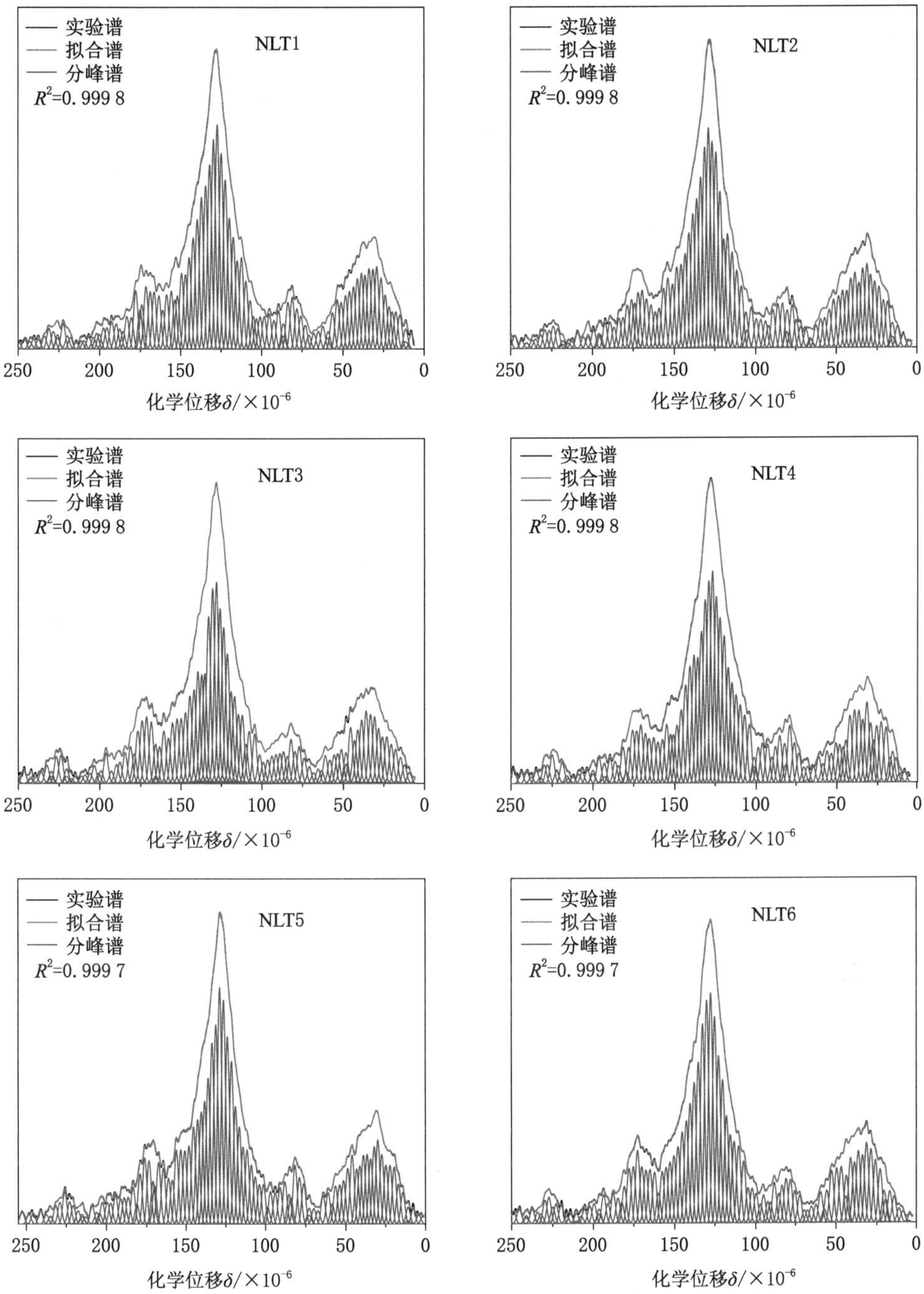

图 5.5　NLT1～6 样品^{13}C-NMR 拟合图谱

NLT1～6 样品[13]C-NMR 参数计算结果如表 5.2 所示。将 f_a、f'_a、f_{al}三个参数与镜质组含量建立相关关系，在去除离群值后的拟合结果如图 5.6 所示，f_a、f'_a分别是总芳香碳的质量分数和芳香碳质量分数。随着镜质组含量的增加，它们的拟合结果呈现逐渐增大的趋势。f_{al}是脂肪碳的质量分数，随着镜质组含量的增加，呈现逐渐降低的趋势。对比 DBD 煤样的分析结果和以往对于煤岩显微组分的认知，惰质组中的芳香族物质较多，所以随着惰质组含量的减少，芳香碳的质量分数呈现逐渐减少的趋势，和 DBD 煤样相比，也呈现相反的结论，在此处尚不能知晓其真正原因，但也不排除在拟合的过程以及煤岩光片的测试过程中都有可能导致试验出现的偏差，故在总体分析后，才能分析出真正原因。

表 5.2　NLT1～6 样品^{13}C-NMR 参数计算结果　　单位：%

样品	f_a	f_a^C	f'_a	f_a^H	f_a^N	f_a^P	f_a^S	f_a^B	f_{al}	f_{al}^H	f_{al}^*	f_{al}^O
NLT1	71.07	15.25	55.82	26.15	29.67	6.10	12.55	11.02	28.93	15.10	3.82	10.01
NLT2	71.71	14.99	56.72	29.32	27.40	6.41	10.37	10.62	28.29	15.08	3.48	9.73
NLT3	73.50	16.69	56.81	28.16	28.65	5.88	12.14	10.64	26.50	14.00	2.89	9.60
NLT4	72.97	14.62	58.35	33.11	25.23	5.91	9.81	9.52	27.03	14.25	3.27	9.51
NLT5	71.67	15.73	55.94	28.65	27.28	7.10	9.99	10.20	28.33	15.26	3.42	9.65
NLT6	73.38	16.64	56.75	27.56	29.19	6.46	10.83	11.90	26.62	14.63	2.99	9.00

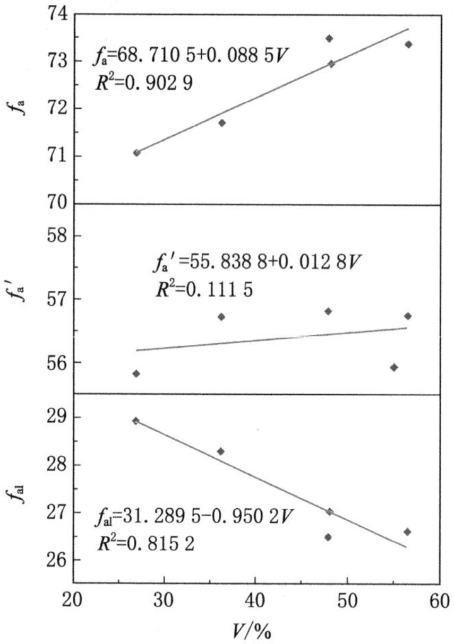

图 5.6　^{13}C-NMR 参数与镜质组含量的关系

5.3 西黑山矿区显微组分碳骨架结构特征

图 5.7 所示是 HSQ 煤样的核磁总谱图，在图中可观察到两个明显的峰位，分别是脂肪碳和芳香碳的特征吸收峰，图 5.8 所示是各样品的拟合图谱(扫描二维码可见彩图)。拟合结果的^{13}C-NMR 参数计算结果如表 5.3 所示。

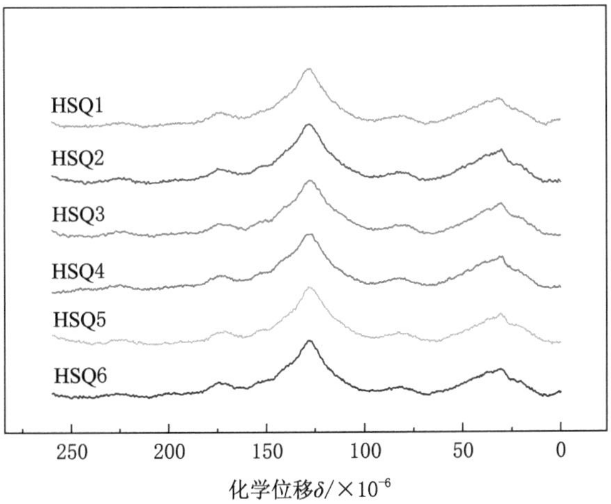

图 5.7 HSQ1～6 样品核磁谱图

表 5.3 HSQ1～6 样品^{13}C-NMR 参数计算结果

单位：%

样品	f_a	f_a^c	f'_a	f_a^H	f_a^N	f_a^P	f_a^S	f_a^B	f_{al}	f_{al}^H	f_{al}^*	f_{al}^O
HSQ1	67.43	14.51	52.91	28.54	24.38	5.28	9.82	9.27	32.57	18.77	3.71	10.10
HSQ2	66.80	13.13	53.67	26.28	27.38	6.04	9.82	11.53	33.20	20.56	3.81	8.83
HSQ3	65.96	13.48	52.48	27.94	24.55	5.61	8.98	9.95	34.04	18.68	5.49	9.87
HSQ4	65.41	12.63	52.78	24.45	28.33	6.04	9.05	13.24	34.59	20.63	3.98	9.98
HSQ5	66.35	12.24	54.10	28.72	25.39	5.15	8.53	11.70	33.65	18.21	5.44	10.01
HSQ6	68.42	14.29	54.13	25.75	28.38	6.11	11.51	10.76	31.58	17.80	3.91	9.87

根据图 5.9 可知，选择和镜质组含量以及惰质组含量相关性最高的 3 个^{13}C-NMR 参数进行分析。随着镜质组含量的增加，f_a呈现逐渐降低的趋势，f_a代表的是总芳香碳质量分数；f'_a代表的是芳香碳质量分数，随着镜质组含量的增多，f'_a的拟合结果呈现正相关关系，但能观察到真实的数据其实是上下波动的，变化规律不明显；f_{al}代表的是总脂肪碳的质量分数，可以在图中观察到明显的变化趋势，和镜质组含量呈现正相关关系，拟合度 R^2 能达到 0.727 5，相关性较高，和镜质组中的脂肪结构有直接的关系。

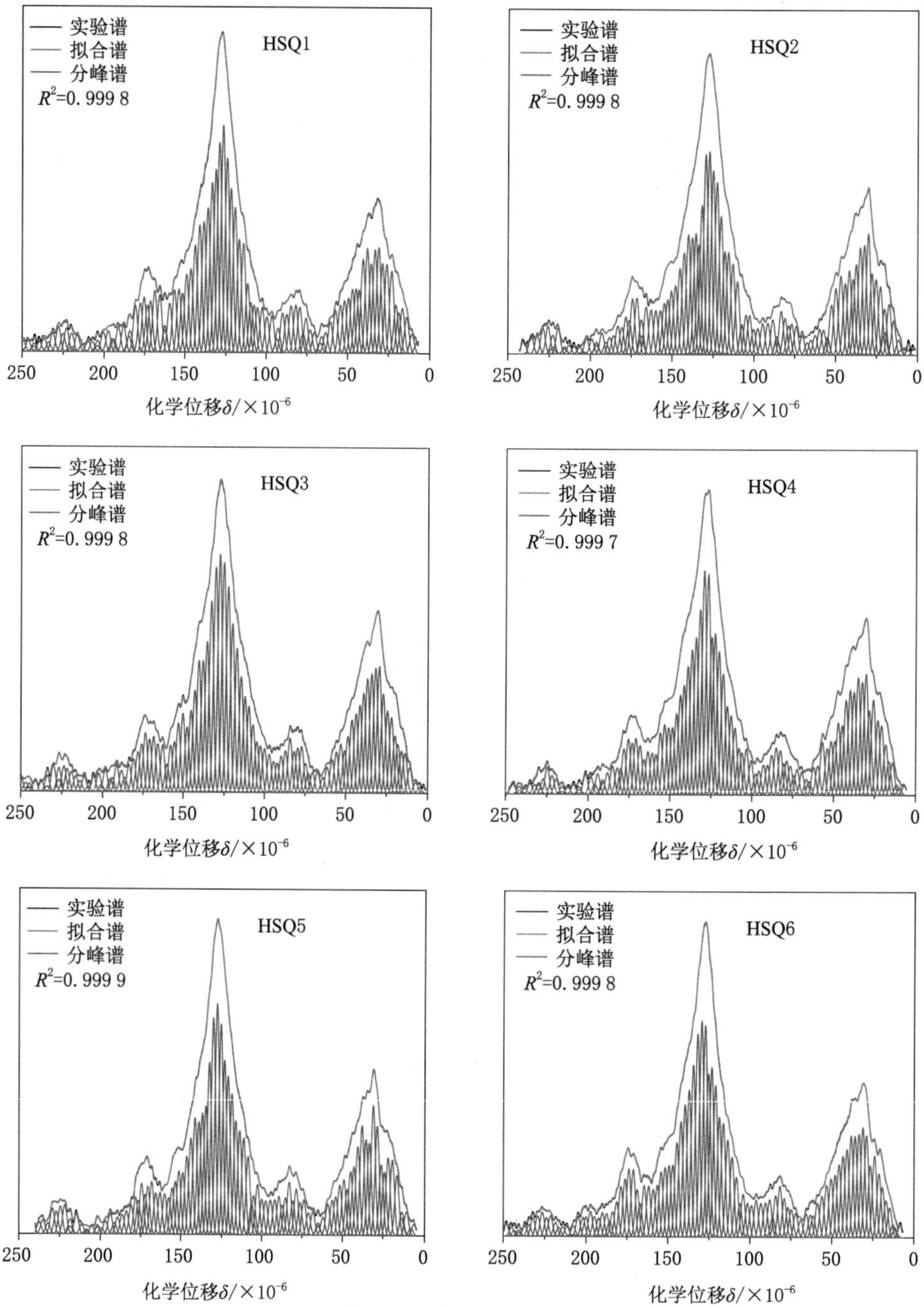

图 5.8 HSQ1～6 样品 ^{13}C-NMR 拟合图谱

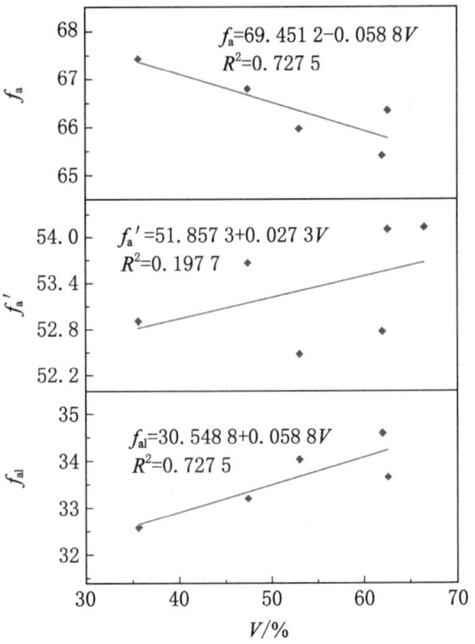

图 5.9　^{13}C-NMR 参数与镜质组含量的关系

5.4　五彩湾矿区显微组分碳骨架结构特征

图 5.10 所示是 WCW 分离后各产品的核磁总谱图，在图中 6 个产品均能发现两个明显的峰位，在化学位移为(0～90)×10^{-6}时，是脂肪类碳的分布区域，而在 90×10^{-6}后是芳香类碳的分布区域，其中还包括了羟基、羧基类的碳结构。图 5.11 所示是 WCW 分离后各产品^{13}C-NMR 的分峰拟合图谱(扫描二维码可见彩图)。各产品的分峰拟合结果所计算出的结构参数的统计表如表 5.4 所示。

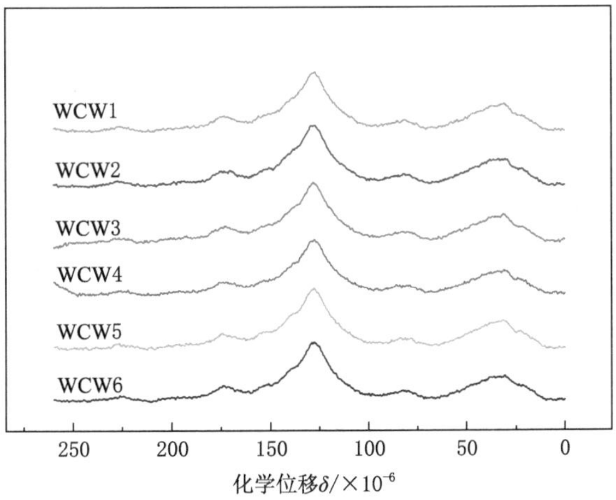

图 5.10　WCW1～6 样品核磁谱图

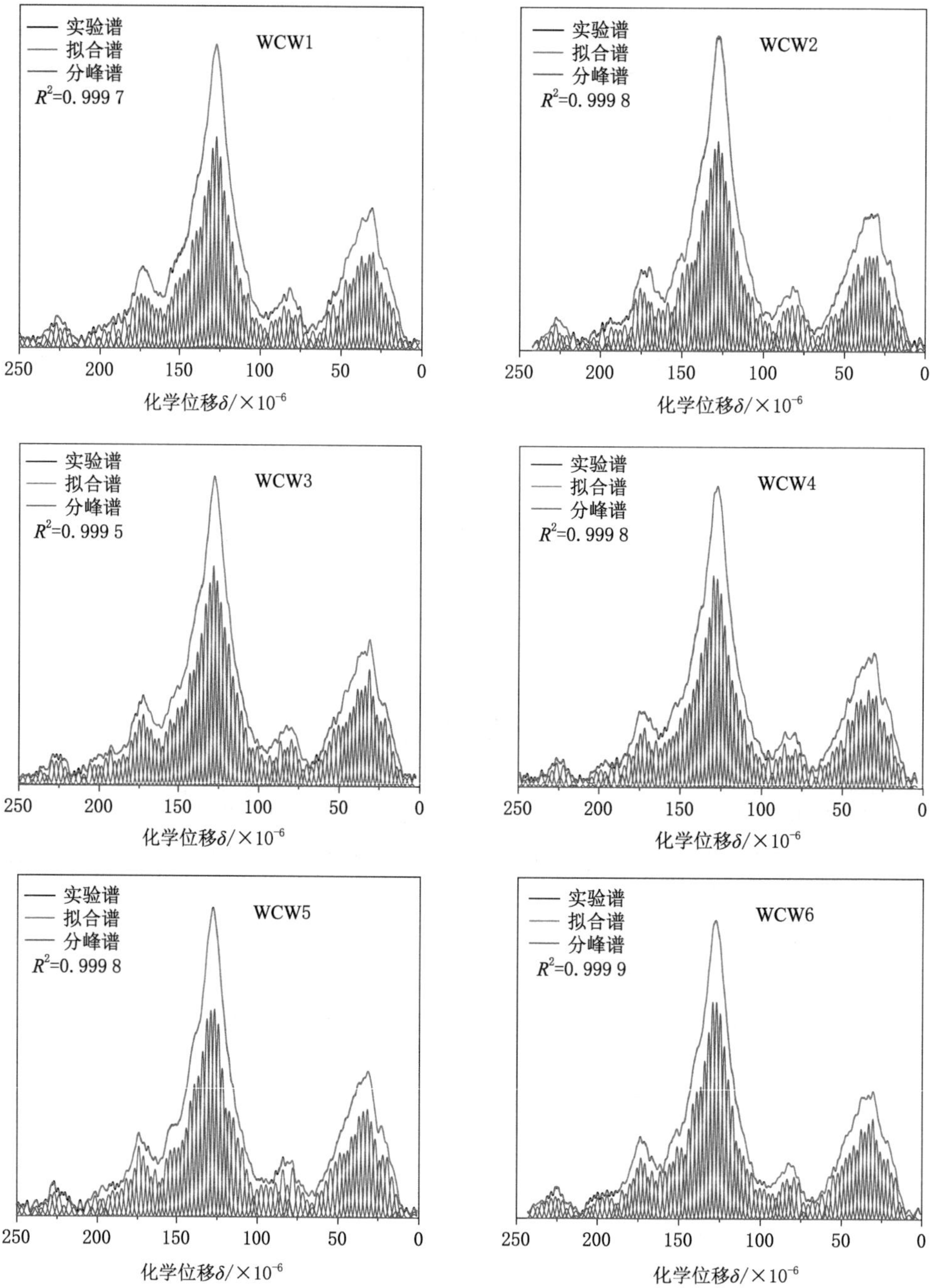

图 5.11　WCW1～6 样品[13]C-NMR 拟合图谱

表 5.4　WCW1～6 样品[13]C-NMR 参数计算结果　　单位：%

样品	f_a	f_a^c	f'_a	f_a^H	f_a^N	f_a^P	f_a^S	f_a^B	f_{al}	f_{al}^H	f_{al}^*	f_{al}^O
WCW1	68.75	14.02	54.73	26.08	28.65	5.76	11.97	10.91	31.25	18.08	3.22	9.95
WCW2	68.26	13.44	54.82	27.39	27.42	5.45	11.56	10.41	31.74	18.47	3.60	9.67
WCW3	68.68	14.98	53.70	27.00	26.70	7.18	9.66	9.86	31.32	16.86	4.02	10.43
WCW4	68.43	13.01	55.42	26.73	28.68	5.92	11.82	10.95	31.57	18.60	3.20	9.77
WCW5	68.08	14.26	53.82	24.27	29.55	6.12	9.48	13.95	31.92	19.09	3.10	9.74
WCW6	69.24	14.07	55.16	26.01	29.16	6.25	9.24	13.67	30.76	17.90	3.98	8.89

图 5.12 所示是 WCW 计算的[13]C-NMR 参数中总芳香碳质量分数 f_a、芳香碳的质量分数 f'_a、脂肪碳的总质量分数 f_{al}与镜质组含量的关系，同样可以观察到 WCW6 样品的数据和其余样品的数据相差较大，但是整体的变化趋势仍然较为明朗，随着镜质组含量的增加，f_a、f'_a呈现逐渐增大的趋势，为正相关，f_{al}呈现逐渐减小的趋势，为负相关，线性拟合结果表明，拟合度 R^2 分别为 51.64%、10.31%和 51.34%。

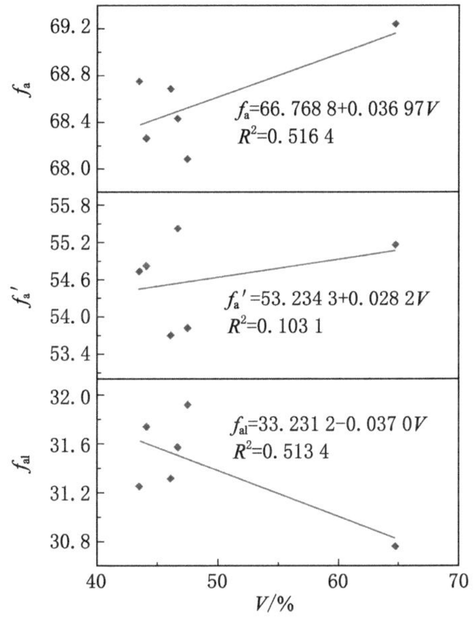

图 5.12　^{13}C-NMR 参数与镜质组含量的关系

第6章 典型低阶煤显微组分特征的物理结构

6.1 神府煤显微组分微晶结构特征

图6.1所示是DBD1～7样品的XRD光谱图，在图中可观察到，衍射角 $2\theta=35°$ 之前，都会出现一个明显的"大包峰"，其中含有 γ 峰以及002衍射峰，脂肪族结构提供了 γ 峰的X射线衍射强度，002峰是芳香族结构的平行定向。在 $2\theta=43°$ 附近出现一个低矮衍射峰100峰[64]，100峰代表的是芳香层碳网的大小，即芳环的缩合程度。

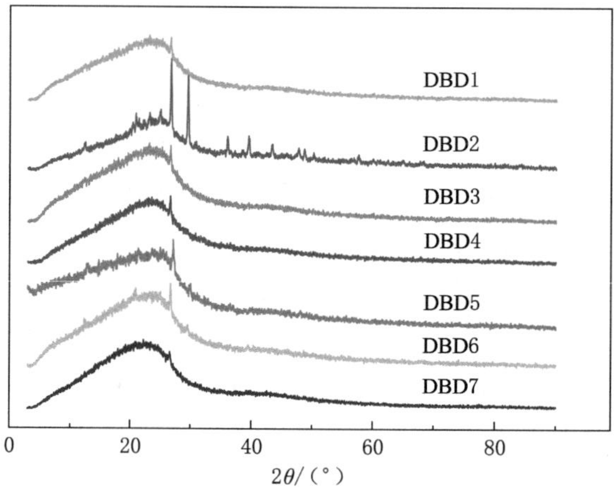

图6.1 DBD1～7样品XRD光谱图

对其曲线进行分峰拟合，在 $2\theta=35°$ 之前XRD分峰拟合图谱见图6.2(扫描二维码可见彩图)，各样品的XRD解析碳结构参数的计算结果汇总表见表6.1。

表6.1 DBD 1～7样品XRD解析碳结构参数

样品	$2\theta_\gamma$/(°)	$2\theta_{002}$/(°)	$2\theta_{100}$/(°)	β_{002}	β_{100}	d_{002}/nm	L_c/nm	L_a/nm	N_c	f_a-XRD
DBD1	7.48	12.01	21.65	0.16	0.14	0.06	1.54	3.36	25.18	0.49
DBD2	17.58	25.28	43.73	0.15	0.19	0.06	1.60	2.54	26.16	0.45
DBD3	15.45	24.17	43.37	0.15	0.14	0.06	1.61	3.42	26.16	0.43
DBD4	15.75	24.04	43.06	0.16	0.13	0.06	1.53	3.72	24.94	0.51
DBD5	18.53	25.32	44.16	0.12	0.14	0.06	2.01	3.35	32.44	0.32
DBD6	15.76	24.07	43.26	0.16	0.15	0.06	1.49	3.18	24.29	0.44
DBD7	17.29	23.93	42.86	0.15	0.15	0.06	1.61	3.11	26.19	0.35

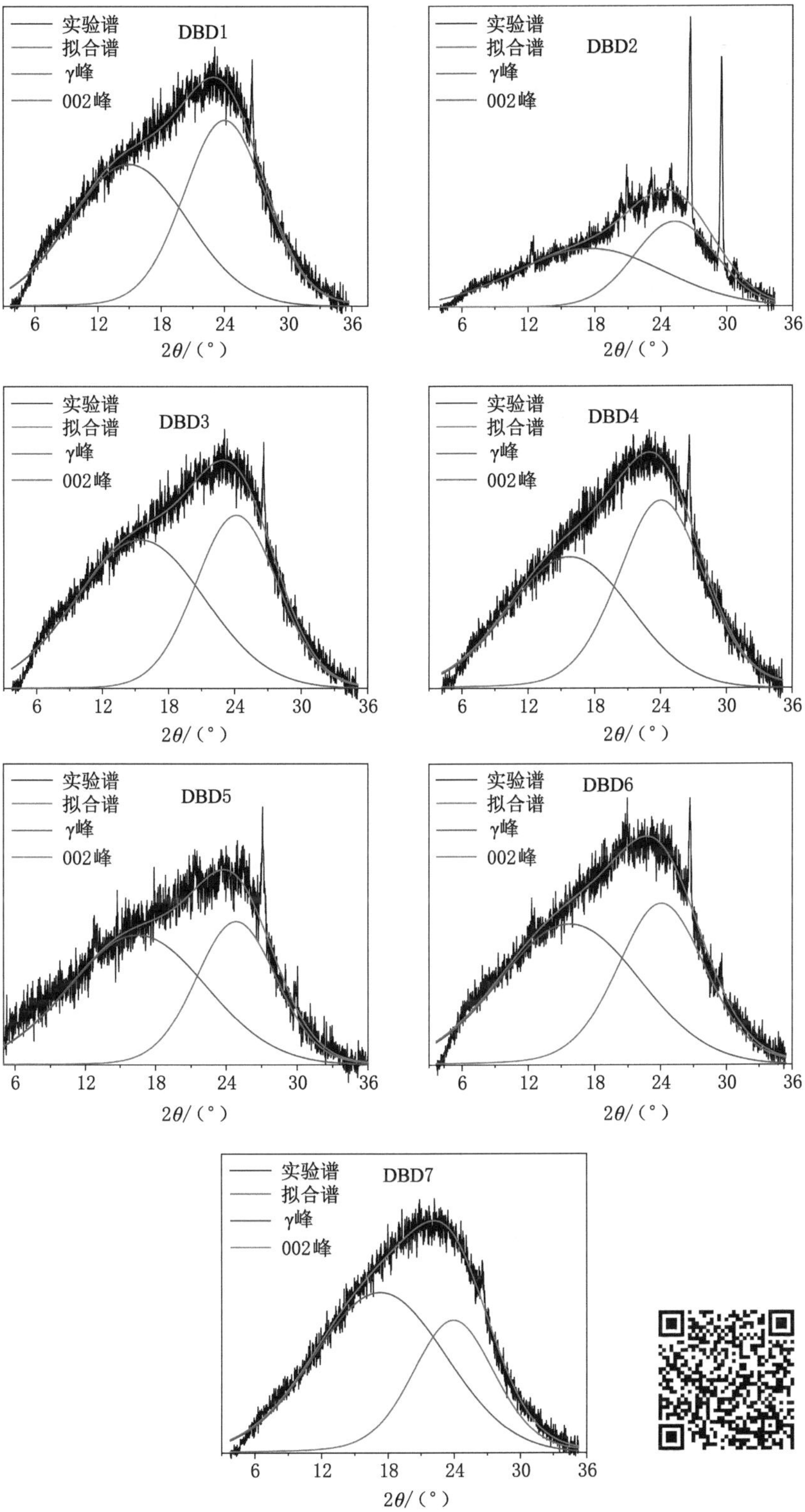

图 6.2　DBD1～7 样品 XRD 拟合图谱

图 6.3 的拟合结果表明,4 个微晶参数和镜质组含量的拟合结果的斜率均较小,最低的为 0.000 001。一般来说,煤中物理结构的变化存在于煤阶的变化中,从低阶煤到高阶煤,在煤化作用的强大影响下,每一次的聚合、裂解导致脂肪族侧链以及各种官能团的脱落都会促使煤的结构变得更加紧密,越趋向于石墨化[41],但同种煤,不同显微组分含量之间不存在这种强烈的作用,所以在同种煤的不同煤岩显微组分含量中,物理结构的变化较小,无论是芳香层间距、堆砌高度还是延展度或芳香层片数都不发生较大的变化。芳香层间距 d_{002} 在一条直线附近波动,最高值和最低值相差仅为 0.000 1 nm,在惰质组含量较多时,d_{002} 小,芳香层结构排列更紧密,芳香环缩合程度更高,说明惰质组相比于镜质组中含有较多的"类石墨"芳香结构。芳香度 f_a-XRD 随着镜质组含量的增加呈现减少的趋势,和红外定量参数 I_6 的变化规律相同,I_6 代表的是煤样的煤阶或者芳香度的变化情况,共同印证了惰质组中含有较多的芳香族结构。

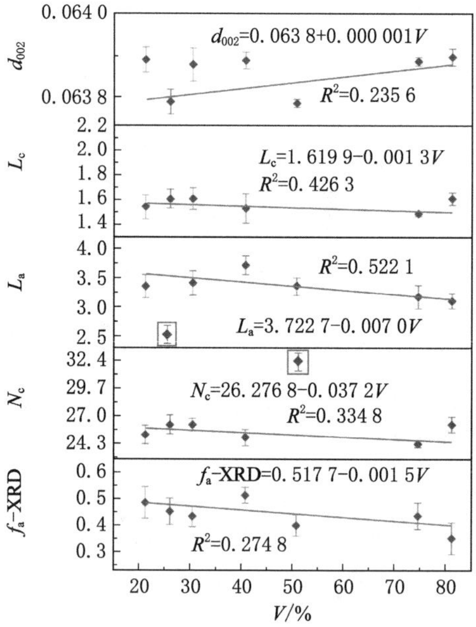

图 6.3 微晶结构参数与镜质组含量的关系

6.2 大井矿区显微组分微晶结构特征

图 6.4 所示为 NLT 煤样 XRD 的总谱图,由图可知在 XRD 图谱中有一个明显的"大包峰",在衍射角 35°后有一个非常低的矮衍射峰,在图中也能观察到。NLT 样品 XRD 衍射角 2θ 在 35°之前的分峰拟合图谱如图 6.5 所示(扫描二维码可见彩图),NLT 煤样的 XRD 解析参数及其微晶参数的计算结果如表 6.2 所示。

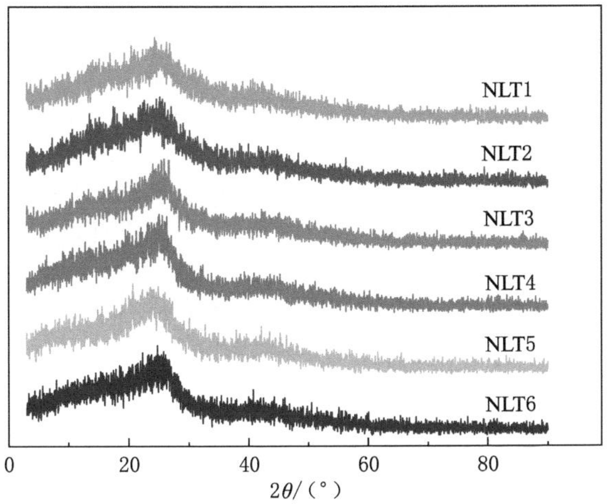

图 6.4　NLT1～6 样品 XRD 光谱图

表 6.2　NLT 1～6 样品 XRD 解析碳结构参数

样品	$2\theta_\gamma$/(°)	$2\theta_{002}$/(°)	$2\theta_{100}$/(°)	β_{002}	β_{100}	d_{002}/nm	L_c/nm	L_a/nm	N_c	f_a-XRD
NLT1	16.66	25.29	42.36	0.14	0.09	0.06	1.71	5.27	27.85	0.60
NLT2	17.07	25.04	43.51	0.13	0.09	0.06	1.84	5.06	29.80	0.42
NLT3	14.81	25.15	43.35	0.14	0.11	0.06	1.75	4.19	28.42	0.52
NLT4	16.43	24.84	42.54	0.12	0.11	0.06	2.07	4.44	33.48	0.43
NLT5	11.61	23.95	42.46	0.17	0.11	0.06	1.41	4.52	23.00	0.72
NLT6	15.09	25.09	42.96	0.13	0.11	0.06	1.86	4.37	30.16	0.40

对表 6.2、图 6.6 观察分析，在 NLT 煤中，通过 XRD 的拟合结果计算微晶结构参数，再根据其结果绘制随镜质组含量增加的趋势图，从整体的趋势可以观察到，随着镜质组含量的增加，微晶结构参数几乎不发生变化，尤其是芳香层间距 d_{002}，其拟合参数的斜率为 0.000 000 5，即使在纳米的水平上，变化的范围依然很小，堆砌高度 L_c 也几乎不发生变化，在一条水平直线上波动，但其拟合度 R^2 较低，为 0.010 3，初步分析是因为此次分离后的煤岩组分有两个产品的煤岩组分较为接近，试验过程中出现了试验误差，在拟合的过程中，与其相近的另两个点能表现出较好的相关关系，符合人们正常的认知规律，故拟合度较低。延展度 L_a 随着镜质组含量的增加，呈现逐渐减小的趋势，相较于 DBD 煤样的变化规律是相同的，由于惰质组的芳环缩合度较高，推断延展度 L_a 的变化与惰质组的含量息息相关，在惰质组含量较少时，L_a 相对较小。芳香层片数 N_c 也基本随着镜质组含量的增加不发生变化，芳香度 f_a-XRD 依然呈现出逐渐减小的趋势，其拟合度 R^2 为 0.476 6，能和红外参数 I_6 共同说明变化的趋势。

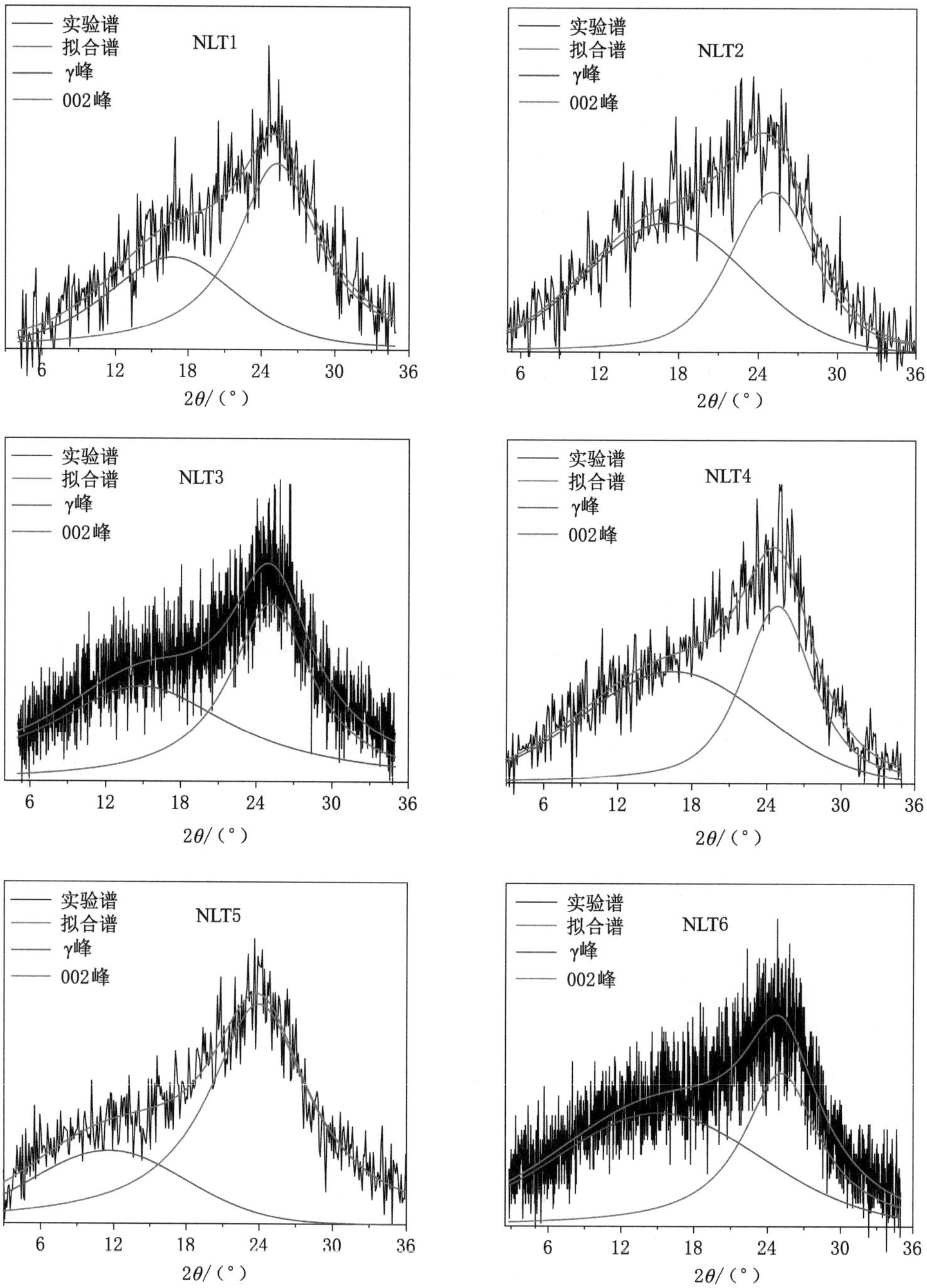

图 6.5　NLT1～6 样品 XRD 拟合图谱

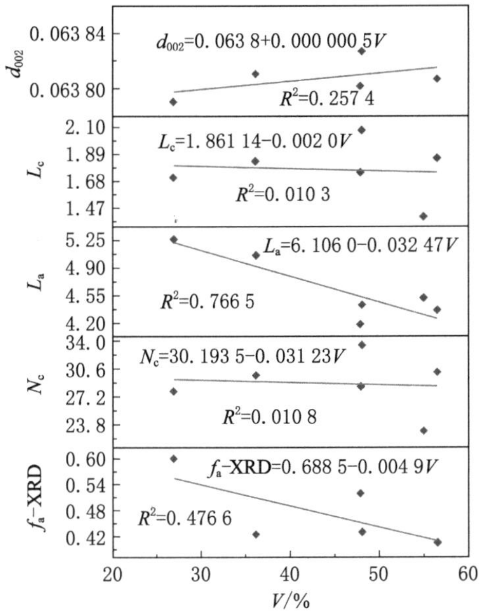

图 6.6　微晶结构参数与镜质组含量的关系

6.3　西黑山矿区显微组分微晶结构特征

图 6.7 所示是 HSQ 样品 XRD 的总谱图，可以看出在中阶烟煤中，依然和低阶煤所表现的规律相似，衍射角 2θ 在 35°之前出现“大包峰”，但在 35°后还会出现一个非常矮小的衍射峰。HSQ1～6 样品 XRD 拟合图谱如图 6.8 所示(扫描二维码可见彩图)。HSQ1～6 样品的微晶结构参数计算结果如表 6.3 所示。

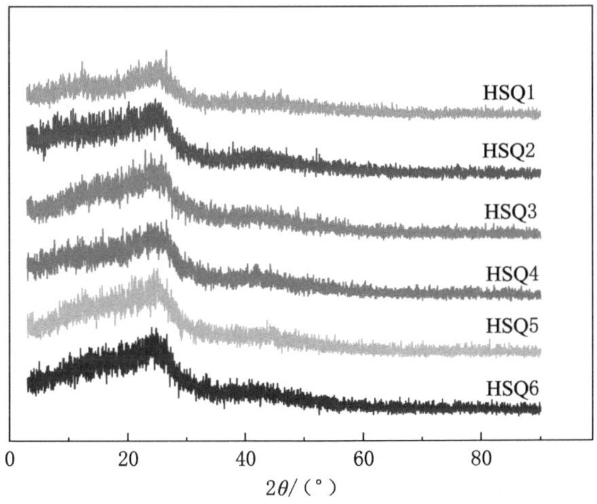

图 6.7　HSQ1～6 样品 XRD 光谱图

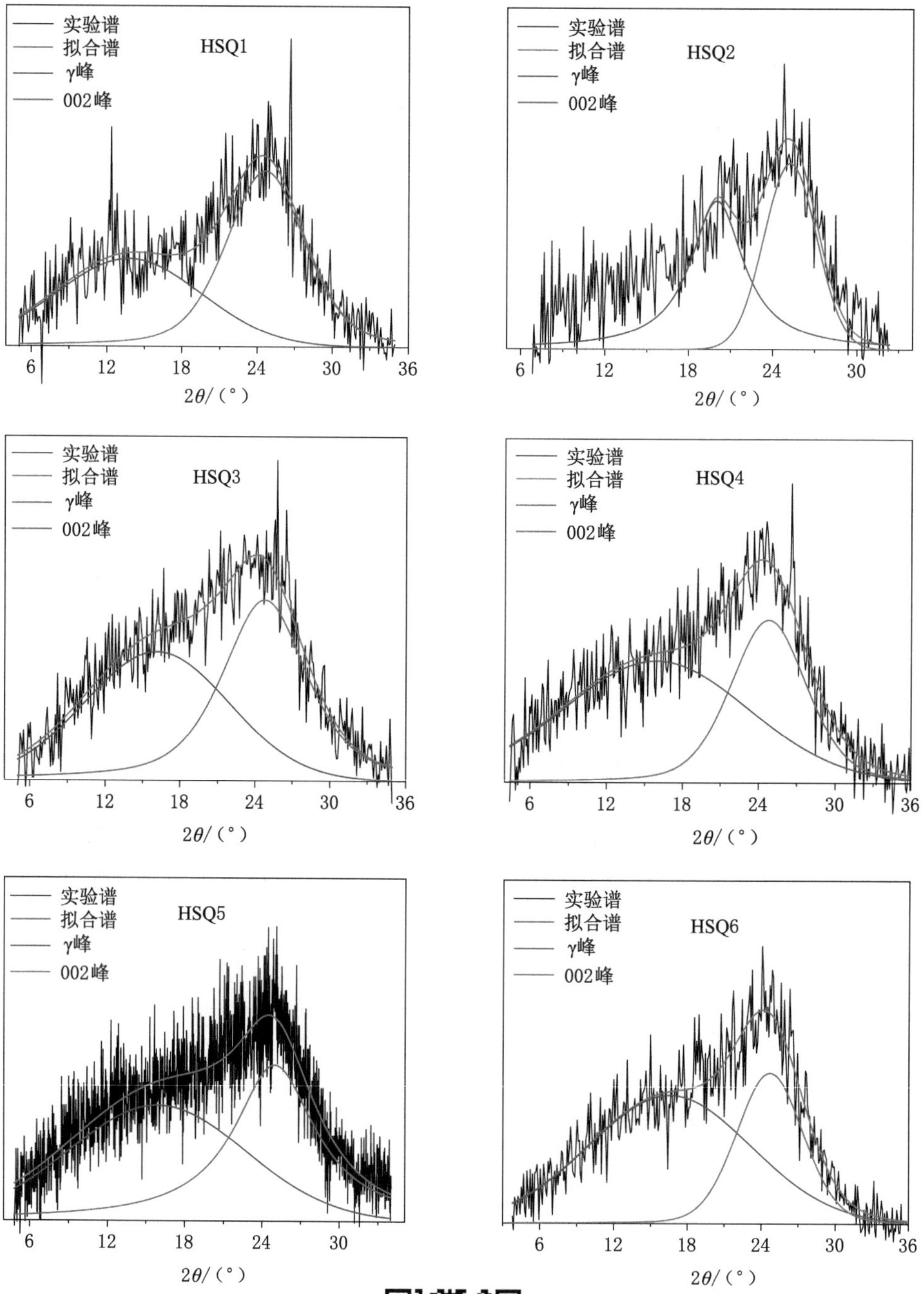

图 6.8　HSQ1～6 样品 XRD 拟合图谱

表 6.3　HSQ1～6 样品 XRD 解析碳结构参数

样品	$2\theta_{\gamma}$/(°)	$2\theta_{002}$/(°)	$2\theta_{100}$/(°)	β_{002}	β_{100}	d_{002}/nm	L_c/nm	L_a/nm	N_c	f_a-XRD
HSQ1	13.75	24.66	43.38	0.13	7.92	0.06	1.90	3.43	30.69	0.56
HSQ2	20.02	25.24	42.78	0.08	7.81	0.06	3.18	3.48	50.91	0.48
HSQ3	16.13	24.75	42.75	0.14	6.37	0.06	1.76	4.27	28.50	0.49
HSQ4	15.92	24.77	42.32	0.12	6.40	0.06	1.99	4.26	32.25	0.38
HSQ5	15.87	24.97	43.25	0.13	6.60	0.06	1.82	4.12	29.54	0.45
HSQ6	16.56	24.70	42.79	0.11	5.99	0.06	2.21	4.55	35.63	0.34

由图 6.9 可知，在 HSQ 煤样的 XRD 微晶参数中，芳香层间距 d_{002} 在去除离群值后，线性拟合结果表明，斜率为 0.000 000 3，可以理解为基本不发生变化，无论镜质组和惰质组的含量如何变化，芳香层间距都不会增大或减少。堆砌高度 L_c 随着镜质组含量的增加也几乎不发生变化，在图中呈现较弱的正相关关系，但斜率只有 0.006 3，意味着也不随煤岩组分的变化而变化。延展度 L_a 随着镜质组含量的增加而逐渐变大，在 DBD、NLT 两个煤样中，也发生了较为微妙的变化，说明延展度的变化和煤的大分子结构有着本质的关系，它代表的是芳香层片的宽度，无法通过镜质组和惰质组的变化来反映其变化规律。芳香层片数 N_c 也几乎不发生变化，在拟合结果中，斜率也较低，为 0.098 4。芳香度 f_a-XRD 随着镜质组含量的增加，呈现逐渐降低的趋势，对比 DBD、NLT 样品，也存在着相同的变化规律，也进一步印证了芳香度和惰质组含量的减少有着较大的关系。

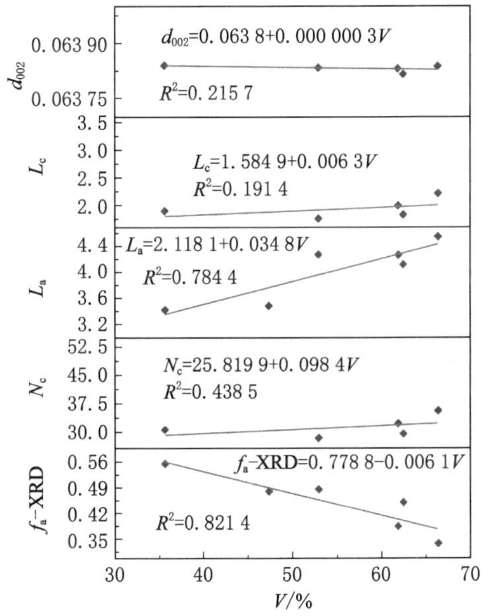

图 6.9　微晶结构参数与镜质组含量的关系

6.4 五彩湾矿区显微组分微晶结构特征

图 6.10 所示是 WCW 分离产品的 XRD 总谱图，图 6.11 所示是衍射角在 35°之前的拟合图谱(扫描二维码可见彩图)，主要包括了 γ 峰和 002 峰，拟合结果的统计结果如表 6.4 所示。

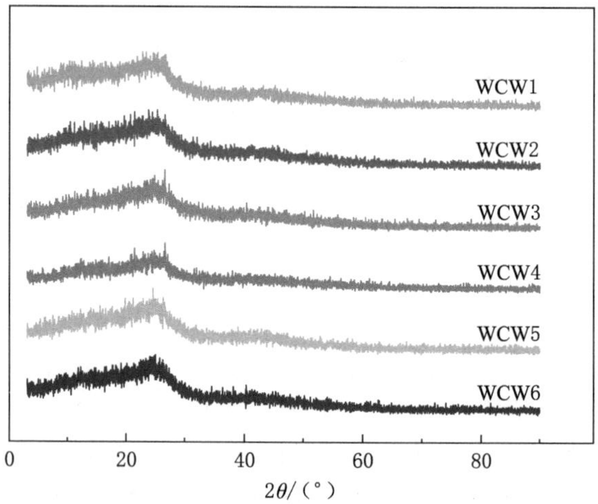

图 6.10 WCW1～6 样品 XRD 光谱图

表 6.4 WCW1～6 样品 XRD 解析碳结构参数

样品	$2\theta_\gamma$/(°)	$2\theta_{002}$/(°)	$2\theta_{100}$/(°)	β_{002}	β_{100}	d_{002}/nm	L_c/nm	L_a/nm	N_c	f_a-XRD
WCW1	13.74	24.42	42.09	0.15	4.52	0.06	1.66	6.04	26.98	0.58
WCW2	14.72	24.43	42.28	0.12	7.31	0.06	1.98	3.73	31.96	0.46
WCW3	15.47	24.78	41.87	0.13	7.15	0.06	1.82	3.82	29.44	0.48
WCW4	15.09	24.94	42.68	0.13	7.73	0.06	1.95	3.52	31.54	0.51
WCW5	15.43	24.49	42.83	0.13	6.47	0.06	1.92	4.21	31.12	0.39
WCW6	14.65	24.64	42.53	0.15	7.91	0.06	1.67	3.44	27.19	0.58

由图 6.12 可知，从整体的数据分布来看，由于镜质组的分布在 40%～50%之间数据点较多，之后仅在 64.80%有另一数据点，导致在前段的数据分布较为紧密，在后段的数据分布较为稀疏，在拟合的过程中，由于拟合的误差会出现较大的起伏，这也是微晶参数和镜质组含量关系拟合度较低的原因，但也仍能观察到较为明显的数据规律，随着镜质组的增加，芳香层间距 d_{002} 仍然保持基本不变，同 DBD、NLT、HSQ 三个煤样中所展现的变化规律基本相同，而延展度 L_a 和堆砌高度 L_c 以及芳香层片数略微和之前的结论有偏差，和镜质组含量呈现一定的负相关关系，但其相关系数(拟合直线的斜率)都较小，这也许和试验参数较少和试验数据分布不均相关，整体依然保持基本不变的趋势，芳香度 f_a-XRD 随镜质组含量的增加呈现较强的负相关关系，这和惰质组含量的减少有直接关系，也和之前三种煤样所展示的结果相同。

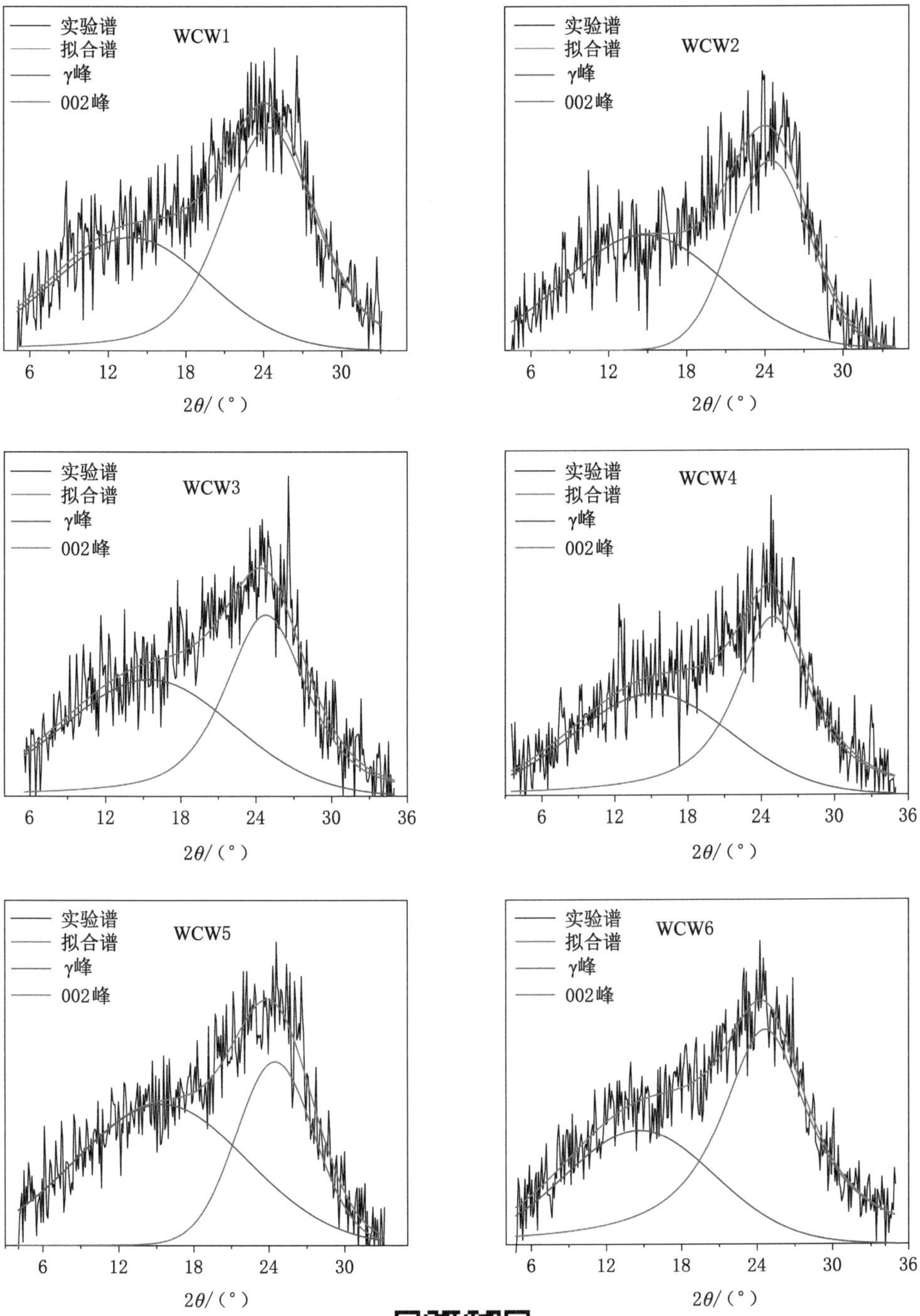

图 6.11　WCW1～6 样品 XRD 拟合图谱

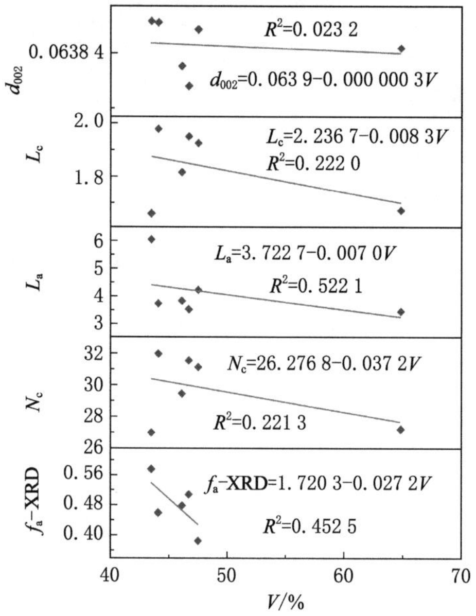

图 6.12　微晶结构参数与镜质组含量的关系

第 7 章　典型低阶烟煤显微组分含量与分子结构特征参数的关系

针对以上 4 种典型低阶烟煤，深入分析不同检测手段计算的结构参数，有些结构参数和煤岩显微组分有着较好的相关关系，但有些并未展现良好的相关关系，在一定的拟合关系范围内，挑选相关性较好的结构参数，与煤岩显微组分建立相关关系式，对低阶烟煤的煤岩组分含量实现预测。

7.1　煤岩显微组分与分子结构特征参数相关性分析

根据第 3 章到第 6 章内容，煤岩显微组分含量与各结构参数的线性拟合结果显示，在 4 种煤中，R^2 较低的结构参数被排除在拟合关系之外。为了提高拟合关系的说服性，从 FTIR、XRD、^{13}C-NMR 的分析参数中各选出拟合度较好的参数，对其整体和煤岩显微组分含量进行多元线性拟合。

在 4 种低阶烟煤中，各参数的变化规律在某些方面较为一致。根据线性拟合的结果，在 DBD 煤中分别选择 I_4、I_7、f_a-XRD、f_a、f'_a、f_{al} 作为拟合参数，NLT 煤中分别选择 I_2、I_6、f_a-XRD、f_a、f_{al} 作为拟合参数，HSQ 煤中分别选择 I_1、I_2、f_a-XRD、f_{al} 作为拟合参数，WCW 煤中分别选择 I_2、f_a-XRD、f_a、f'_a、f_{al} 作为拟合参数，首先对其各个参数的相关性进行分析。DBD 煤岩显微组分含量与分子结构参数之间的相关性分析如表 7.1 所示。

表 7.1　DBD 煤岩显微组分含量与分子结构参数之间的相关性分析

参数	V	I_4	f'_a	I_7	f_a	f_{al}	f_a-XRD
V	1.000						
I_4	0.825*	1.000					
f'_a	−0.850*	−0.854*	1.000				
I_7	0.869*	0.751	−0.888**	1.000			
f_a	−0.861*	−0.825*	0.849*	−0.765*	1.000		
f_{al}	0.861*	0.825*	−0.849*	0.765*	−1.000**	1.000	
f_a-XRD	−0.674	−0.705	0.446	−0.387	0.423	−0.423	1.000

注：* 在 0.05 级别（双尾），相关性显著；** 在 0.01 级别（双尾），相关性显著。

由表 7.1 可知，挑选的 DBD 煤分子结构参数和镜质组含量基本上在 $P<0.05$ 水平上都存在显著相关，除此之外可以发现^{13}C-NMR 的结构参数 f_{al} 和 f_a 在 $P<0.01$ 水平上存在显著相关，在之后的多元线性的拟合模型中，建议不将这两个参数同时列为自变量，以防止在拟合过程中出现多重共线性现象，对拟合结果的解释不足。

NLT 煤岩显微组分含量与分子结构参数之间的相关性分析如表 7.2 所示。在表 7.2 中，从结构参数和镜质组含量的相关关系来看，只有芳香度 f_a-XRD 与其相关关系不强，其余参数虽然没有与其存在显著性相关，但其相关系数也较大，适合作多元线性拟合。也可看到^{13}C-NMR 参数 f_a 和 f_{al} 的相关性较高，在 $P<0.01$ 的水平上呈现显著相关，这也能说明^{13}C-NMR 参数之间的相关性较强，在多元线性拟合中不建议将这两个参数同时列为自变量，以防对回归结果的解释不足。

表 7.2　NLT 煤岩显微组分含量与分子结构参数之间的相关性分析

参数	V	I_2	I_6	f_a-XRD	f_a	f_{al}
V	1.000					
I_2	0.563	1.000				
I_6	0.667	0.115	1.000			
f_a-XRD	−0.029	0.565	0.105	1.000		
f_a	0.664	−0.195	0.725	−0.554	1.000	
f_{al}	−0.664	0.195	−0.725	0.554	−1.000**	1.000

注：* 在 0.05 级别(双尾)，相关性显著；** 在 0.01 级别(双尾)，相关性显著。

HSQ 煤岩显微组分含量与分子结构参数之间的相关性分析如表 7.3 所示。在表 7.3 中，f_a-XRD 和 HSQ 镜质组含量在 $P<0.05$ 的水平上呈显著相关，^{13}C-NMR 参数 f_{al} 和镜质组含量的相关性最低，为 0.083。

表 7.3　HSQ 煤岩显微组分含量与分子结构参数之间的相关性分析

参数	V	I_1	I_2	f_a-XRD	f_{al}
V	1.000				
I_1	0.255	1.000			
I_2	−0.581	0.463	1.000		
f_a-XRD	−0.906*	−0.210	0.410	1.000	
f_{al}	0.083	0.129	−0.482	0.133	1.000

注：* 在 0.05 级别(双尾)，相关性显著；** 在 0.01 级别(双尾)，相关性显著。

WCW 煤岩显微组分含量与分子结构参数之间的相关性分析如表 7.4 所示。在表 7.4 中，镜质组含量和挑选的各结构参数都有较好的相关性，但可以发现^{13}C-NMR 参数 f_a 和 f_{al} 与镜质组含量的相关性完全相反，在多元线性拟合中可能会导致多重共线性的出现，对回归的结果产生一定的影响。

表 7.4　WCW 煤岩显微组分含量与分子结构参数之间的相关性分析

参数	V	I_2	f_a-XRD	f_a	f'_a	f_{al}
V	1.000					
I_2	0.628	1.000				
f_a XRD	0.440	0.545	1.000			

表 7.4(续)

参数	V	I_2	f_a-XRD	f_a	f'_a	f_{al}
f_a	0.719	0.721	0.872*	1.000		
f'_a	0.321	0.081	0.624	0.343	1.000	
f_{al}	−0.719	−0.721	−0.872*	−1.000**	−0.343	1.000

注：* 在 0.05 级别(双尾)，相关性显著；** 在 0.01 级别(双尾)，相关性显著。

7.2 煤岩显微组分与分子结构特征参数多元线性回归分析

本次试验的镜质组含量作为回归分析的因变量，属于小样本数据，需要对其进行正态性检验，适宜 Shapiro-Wilk 检验，这是进行多元回归拟合的前提。

由表 7.5 的结果所示，镜质组含量分布的 Shapiro-Wilk 检验结果表明，统计量为 0.981，显著水平 Sig＝0.896＞0.05，镜质组为正态变量，可作多元回归分析因变量。

表 7.5 煤岩组分含量正态性检验结果

因变量	Kolmogorov. Smirnova			Shapiro-Wilk		
	统计量	自由度	Sig	统计量	自由度	Sig
镜质组	0.114	25	0.200*	0.981	25	0.896

如表 7.6 所示，DBD 煤样的多元回归方程模型概述结果表明，本次分析中共建立了6 个回归模型，在输出结果中存在 DW 值，DW 值是反映这组数据自相关性的一个参数，如果此值较大或较小，其自相关都较为严重，一般在 2 左右是可以接受的，1.97～2.03 是非常理想的取值范围。在结果中的 DW 值基本在 2 附近，说明此 6 个模型的自变量本身自相关性不强，每个模型内都是独立的，不会对其余的结果产生影响。调整后的 R^2 代表了该模型对回归结果有多少的解释度。模型 4 和模型 6 的 R^2 相同，且为最高 0.887。

表 7.6 DBD 煤岩组分含量和分子结构参数多元回归方程模型概述

模型	相关系数	决定系数	调整系数	标准估计误差	DW
1	0.928①	0.862	0.723	12.431 62	2.226
2	0.914②	0.835	0.669	13.595 15	1.633
3	0.928③	0.862	0.723	12.431 62	2.226
4	0.971④	0.944	0.887	7.931 33	1.722
5	0.947⑤	0.897	0.794	10.724 89	1.525
6	0.971⑥	0.944	0.887	7.931 33	1.722

注：① 预测变量：常量，f_a，f_a-XRD，I_4；② 预测变量：常量，f'_a，f_a-XRD，I_4；③ 预测变量：常量，f_{al}，f_a-XRD，I_4；④ 预测变量：常量，f_a，f_a-XRD，I_7；⑤ 预测变量：常量，f'_a，f_a-XRD，I_7；⑥ 预测变量：常量，f_{al}，f_a-XRD，I_7。

根据表 7.7 的回归结果所示，模型 4 和模型 6 为最优模型，其回归后模型的参数基本相同，这是因为 f_a 和 f_{al} 在相关性分析中完全相关，导致其模型参数基本相同，其中 VIF 值代表的是此模型内各自变量的共线性，一般来说，在 5 以下各自变量的共线性较差，拟合结果较为可靠。但是根据各行业内的要求，一般在 30 以下也是可以认为是可靠的数据，自变量和自变量之间的相关关系较低，对于模型的解释度较高。在 DBD 煤中，最优模型为 $V=263.16-152.033f_a\text{-XRD}+34.024I_7-2.943f_a$ 或者 $V=-31.169-152.033f_a\text{-XRD}+34.024I_7+2.943f_a$。

表 7.7 DBD 煤岩显微组分含量和分子结构参数的多元标准回归分析

模型		非标准化回归系数		标准回归系数	Sig	VIF
		B	标准误差			
1	常量	546.599	285.722	—	0.152	—
	I_4	−7.814	33.426	−0.124	0.830	6.058
	f_a-XRD	−191.545	146.501	−0.431	0.282	2.362
	f_a	−6.230	3.298	−0.781	0.155	3.705
2	常量	492.133	306.507	—	0.207	—
	I_4	−9.385	39.741	−0.148	0.829	7.159
	f_a-XRD	−190.204	162.313	−0.428	0.326	2.424
	f'_a	−6.322	4.004	−0.786	0.212	4.491
3	常量	−76.439	95.512	—	0.482	—
	I_4	−7.814	33.426	−0.124	0.830	6.058
	f_a-XRD	−191.545	146.501	−0.431	0.282	2.362
	f_{al}	6.230	3.298	0.781	0.155	3.705
4	常量	263.160	126.642	—	0.129	—
	f_a-XRD	−152.033	67.518	−0.342	0.110	1.232
	I_7	34.024	16.031	0.454	0.124	2.442
	f_a	−2.943	1.738	−0.369	0.189	2.528
5	常量	152.709	213.068	—	0.525	—
	f_a-XRD	−166.222	91.924	−0.374	0.168	1.249
	I_7	41.629	30.120	0.556	0.261	4.715
	f'_a	−1.526	3.334	−0.190	0.678	5.005
6	常量	−31.169	64.130	—	0.660	—
	f_a-XRD	−152.033	67.518	−0.342	0.110	1.232
	I_7	34.024	16.031	0.454	0.124	2.442
	f_{al}	2.943	1.738	0.369	0.189	2.528

由表 7.8 结果所示，模型 1 和模型 2 的 R^2 最高，均为 0.849，且 DW 值为 1.817，属于正常的范围，自相关性较低。

表 7.8　NLT 煤岩显微组分含量和分子结构参数多元回归方程模型概述

模型	相关系数	决定系数	调整系数	标准估计误差	DW
1	0.969①	0.939	0.849	4.454 86	1.817
2	0.969②	0.939	0.849	4.454 86	1.817
3	0.803③	0.644	0.110	10.799 17	1.849
4	0.803④	0.644	0.110	10.799 17	1.849
5	0.970⑤	0.940	0.700	6.270 15	1.910
6	0.970⑥	0.940	0.700	6.270 15	1.910

注：① 预测变量：常量，f_a，I_2，f_a-XRD；② 预测变量：常量，f_{al}，I_2，f_a-XRD；③ 预测变量：常量，I_6，f_a-XRD，f_a；④ 预测变量：常量，f_{al}，f_a-XRD，I_6；⑤ 预测变量：常量，I_2，I_6，f_a-XRD，f_{al}；⑥ 预测变量：常量，f_a，I_2，f_a-XRD，I_6。

由表 7.9 可知，模型 1 和模型 2 的 VIF 值最低，均在 5 以下，其他模型的 VIF 值均较高，且拟合度 R^2 均低于模型 1 和模型 2，说明模型 1 和模型 2 对于镜质组含量的解释度更高，NLT 的最优模型为 $V=-783.643+238.451I_2+1.899f_a\text{-XRD}+9.067f_a$ 或 $V=123.012+238.451I_2+1.899f_a\text{-XRD}-9.067f_{al}$。

表 7.9　NLT 煤岩显微组分含量和分子结构参数的多元标准回归分析

模型		非标准化回归系数		标准回归系数	Sig	VIF
		B	标准误差			
1	常量	−783.643	174.951	—	0.046	—
	I_2	238.451	71.909	0.710	0.080	1.513
	f_a-XRD	1.899	23.107	0.021	0.942	2.101
	f_a	9.067	2.364	0.814	0.062	1.487
2	常量	123.012	81.820	—	0.272	—
	I_2	238.451	71.909	0.710	0.080	1.513
	f_a-XRD	1.899	23.107	0.021	0.942	2.101
	f_{al}	−9.067	2.364	−0.814	0.062	1.487
3	常量	−1242.962	1 189.166	—	0.406	—
	f_a-XRD	85.146	99.321	0.929	0.482	6.605
	f_a	17.997	17.432	1.616	0.410	13.763
	I_6	−52.147	113.388	−0.602	0.691	9.642
4	常量	556.765	556.588	—	0.423	—
	f_a-XRD	85.146	99.321	0.929	0.482	6.605
	I_6	−52.147	113.388	−0.602	0.691	9.642
	f_{al}	−17.997	17.432	−1.616	0.410	13.763
5	常量	157.414	369.818	—	0.744	—
	f_a-XRD	7.678	67.396	0.084	0.928	9.021
	I_6	−6.748	68.935	−0.078	0.938	10.572
	f_{al}	−10.065	10.733	−0.904	0.520	15.476
	I_2	235.375	105.978	0.701	0.269	1.659

表 7.9(续)

模型		非标准化回归系数		标准回归系数	Sig	VIF
		B	标准误差			
6	常量	−849.129	712.854	—	0.445	—
	f_a-XRD	7.678	67.396	0.084	0.928	9.021
	I_6	−6.748	68.935	−0.078	0.938	10.572
	I_2	235.375	105.978	0.701	0.269	1.659
	f_a	10.065	10.733	0.904	0.520	15.476

由表 7.10 可知，HSQ 煤的结构参数和镜质组含量的线性关系较差，在选择结构参数时，为了保证拟合的结果更准确，因此选择了线性关系最高的几个参数，所能构成的模型也较少，只有两个，在结果中可以看出，模型 2 的拟合度 R^2 最高，为 0.704，但其 DW 值稍高一点，距离 2 相差了 0.803，可能存在一定的自相关性。

表 7.10　HSQ 煤岩显微组分含量和分子结构参数多元回归方程模型概述

模型	相关系数	决定系数	调整系数	标准估计误差	DW
1	0.930①	0.865	0.662	6.759 99	2.767
2	0.939②	0.881	0.704	6.328 31	2.803

注：① 预测变量：常量，f'_a，I_1，f_a-XRD；② 预测变量：常量，I_2，f_a-XRD，f'_a。

由表 7.11 的结果显示，模型 2 的 VIF 值均小于 5，多重共线性的可能性较低，其模型对于相关关系的解释度更高，所以 HSQ 煤岩显微组分的相关关系最优回归方程为 $V=84.567-126.713f_a\text{-XRD}+1.163f'_a-15.128I_2$。

表 7.11　HSQ 煤岩显微组分含量和分子结构参数的多元标准回归分析

模型		非标准化回归系数		标准回归系数	Sig	VIF
		B	标准误差			
1	常量	42.525	93.396	—	0.694	—
	I_1	15.166	118.457	0.035	0.910	1.074
	f_a-XRD	−138.664	40.390	−0.926	0.075	1.076
	f'_a	2.174	2.862	0.202	0.527	1.045
2	常量	84.567	115.669	—	0.541	—
	f_a-XRD	−126.713	43.905	−0.846	0.102	1.450
	f'_a	1.163	3.286	0.108	0.757	1.573
	I_2	−15.128	27.580	−0.182	0.638	1.857

WCW 煤岩显微组分和分子结构参数共建立了 4 个拟合模型，可以看到拟合度 R^2 都较低，只有模型 4 的拟合度为 0.605，大于 0.6，能够较为真实地反映其相关关系的变化情况，但其 DW 值为 1.393，和 2 相差了 0.607，可能会有一定的自相关性。

根据表 7.12 和表 7.13 的结果共同分析，模型 1、2、3 分别选择了 3 种测试分析方法下计算出的结构参数各一个，但在回归结果中并没有展现良好的拟合关系，即使 DW 值是在可以接受的范围之内，但其拟合度 R^2 均较低，模型对于拟合关系的解释度不够，不能真实地反映相关关系，因此设计了模型 4，将两个核磁的结构参数共同引入模型，进行多元线性拟合，所以 WCW 的镜质组含量和各结构参数的较佳回归模型为 $V=-2812.198+10.888I_2-188.134f_a\text{-XRD}+36.018f_a+8.722f'_a$。

表 7.12　WCW 煤岩显微组分含量和分子结构参数多元回归方程模型概述

模型	相关系数	决定系数	调整系数	标准估计误差	DW
1	0.816①	0.666	0.165	7.303 26	1.683
2	0.691②	0.478	−0.306	9.136 94	0.565
3	0.816③	0.666	0.165	7.303 26	1.683
4	0.960④	0.921	0.605	5.022 57	1.393

注：① 预测变量：常量，f_a，I_2，f_a-XRD；② 预测变量：常量，f'_a，I_2，f_a-XRD；③ 预测变量：常量，f_{al}，I_2，f_a-XRD；④ 预测变量：常量，f'_a，I_2，f_a，f_a-XRD。

表 7.13　WCW 煤岩显微组分含量和分子结构参数的多元标准回归分析

模型		非标准化回归系数		标准回归系数	Sig	VIF
		B	标准误差			
1	常量	−1647.114	1337.539	—	0.343	—
	I_2	5.730	35.820	0.097	0.888	2.222
	f_a-XRD	−79.972	92.515	−0.746	0.478	4.461
	f_a	25.247	20.303	1.299	0.340	6.538
2	常量	−202.602	424.838	—	0.680	—
	I_2	40.403	39.018	0.687	0.409	1.684
	f_a-XRD	−17.449	90.712	−0.163	0.865	2.740
	f'_a	4.183	8.114	0.367	0.658	1.941
3	常量	877.564	693.347	—	0.333	—
	I_2	5.730	35.820	0.097	0.888	2.222
	f_a-XRD	−79.972	92.515	−0.746	0.478	4.461
	f_{al}	−25.247	20.303	−1.299	0.340	6.538
4	常量	−2812.198	1 125.404	—	0.242	—
	I_2	10.888	24.801	0.185	0.737	2.252
	f_a-XRD	−188.134	87.587	−1.755	0.277	8.455
	f_a	36.018	15.195	1.853	0.254	7.744
	f'_a	8.722	4.854	0.765	0.323	2.298

第8章 典型低阶煤大分子结构及聚集态结构模型

8.1 煤大分子结构构建简介

神府煤具有低灰、低硫、低磷、高热值和惰质组分丰富等特点，是典型的优质富油煤。从20世纪以来，人们已经通过各种物理或化学表征方法对煤的结构进行了研究，提出许多著名的煤平面结构模型，如Wiser模型、Given模型、Wender模型、Shinn模型等[65,66]。同时，将煤结构的研究划分为煤大分子结构、聚集态结构和显微组分三个层次[67,68]。随着现代测试技术、量子化学计算和分子动力学模拟等技术的发展，对煤结构和反应性的研究也越来越深入，不再局限于煤大分子的平面构型，根据平均分子结构的思想，构建出了超过150多种特定煤样的三维大分子结构模型，并基于所构建的模型进行了一系列极具指导意义的理论计算研究[69-71]。例如：Feng等[72]采用元素分析、13碳核磁共振(^{13}C-NMR)、X射线光电子能谱分析(XPS)和傅立叶变换红外光谱分析(FTIR)等方法对宁夏红石湾矿区煤样的结构进行表征，构建了红石湾煤的大分子结构，从试验和量子化学的角度对高熔点煤的大分子结构进行了全面的描述和理解。Hong等[73]建立了经典Given模型的3D构型，并采用分子动力学模拟(ReaxFF MD)方法研究了其燃烧和气化特性，从分子层面解析了煤在热反应过程中结构变化和产物析出特征。Wang等[74]对4种不同等级烟煤的镜质组样品进行了大分子结构的构建，从分子层面探讨了镜质组分子结构与热塑性的关系。Si等[75]通过XPS、^{13}C-NMR等方法，建立了含羧酸钠的准东煤大分子结构模型，并采用分子动力学模拟方法，研究了不同温度下准东煤热解燃烧过程中羧酸钠的迁移转化过程。Chang等[76]成功构建了新疆五彩湾煤镜质组和惰质组的大分子结构模型，并在ReaxFF力场下通过分子动力学模拟研究了热解过程中两种显微组分的三种相互作用类型，分析了热解产物的产生路径。

同时，计算机图像采集与处理技术也逐渐被应用到煤结构的研究工作中，并成为分析煤聚集态结构的重要手段。高分辨透射电子显微镜(HRTEM)能够分辨晶体及非晶体纳米级微观结构特征，是一种有效的物质内部结构图像采集手段，通过HRTEM的图像引导提取煤样的高分辨率晶格条纹，能够在原子水平上提供关于煤结构的直接信息，反映煤的分子结构、微晶结构及聚集态结构特征，初步实现煤聚集态结构定性和定量表征[77-80]。Zhang等[81]通过HRTEM分析，构建了凤凰山无烟煤的大分子结构，采用计算和试验相结合的方法，研究了凤凰山无烟煤的孔隙特征，解析了在煤化过程中孔隙的变化规律。范晶等[82]利用HRTEM对伊敏煤不同温度阶段热解产物的聚集态结构特征进行了研究，阐述了其随温度增加发生的阶段性变化。魏帅等[83]利用^{13}C-NMR、HRTEM、FTIR和XPS对晋城无烟煤的化学结构进行了全面分析，初步构建了晋城无烟煤平均结构单元分子模型。王小令等[84]基于HRTEM图像处理技术，对曹村2号煤的聚集态结构进行了分类及定量表征，揭示了煤结构的复杂性及不同聚集态结构中晶格条纹的相互差异。

目前，煤大分子结构构建和应用的相关研究相对成熟，但聚集态结构层面的研究相对较少，多集中于煤聚集态结构的基本特征与其物理化学性质关系的研究，但关于煤大分子结构与聚集态结构、聚集态结构与显微组分之间构筑关系的研究鲜有报道，且对于聚集态结构的研究并未产生实质结构模型，难以反映分子层次上分子间以及分子内的物理和化学作用。而关于高惰质组低阶烟煤显微组分的大分子结构和聚集态结构研究的不足，严重制约了高惰质组低阶烟煤低碳高效利用技术的开发。本章节以神府煤田大保当煤矿 5-1 煤为研究样品，对其镜质组和惰质组进行分离富集，采用元素分析、XPS 分析、^{13}C-NMR 分析等现代测试方法从不同角度分析煤的大分子结构，构建了神府原煤样、镜质组富集样和惰质组富集样的大分子结构模型，并基于分子动力学计算，构建其聚集态结构，从分子层面分析了神府煤显微组分分子结构与宏观特性之间的关系。

8.2　神府煤大分子结构及聚集态结构模型构建技术

基于现代物理化学表征，结合分子动力学计算构建神府煤显微组分大分子结构模型及聚集态结构，构建流程如图 8.1 所示。核心思路为：① 基于显微组分密度切割点，并通过等密度梯度离心分离试验获得神府煤的显微组分富集样；② 利用元素分析、^{13}C-NMR、XPS 对煤样进行表征，获得煤样碳骨架结构的关键参数及杂原子的赋存形态，结合煤质特征、镜质体反射率(R_{max})等绘制煤样大分子结构的平面模型；③ 计算所绘制大分子结构的核磁图谱，验证所建模型的合理性；④ 通过能量优化获得单分子结构的三维空间最低能量构型；⑤ 建立单分子周期性单元，确定聚集态结构的最适密度；⑥ 建立多分子聚集态结构，确定聚集态结构的单分子数目及聚集态结构的最低能量构型。

首先采用 ChemDraw 软件绘制神府煤大分子结构模型，并预测模型的化学位移，与 ^{13}C-NMR 测试结果对比，进行结构调整。采用 Materials Studio 软件中 Forcite 模块对神府煤 3D 大分子结构进行几何优化和退火动力学模拟，以获取大分子结构的三维空间最低能量构型。几何优化参数设置如下：任务选择 Geometry Optimization，收敛标准选择 Ultra-fine，采用 Smart 算法，最大迭代次数为 10 000，采用 Universal 力场，平衡电荷采用 Gasteiger 方法，库仑力和范德瓦耳斯力计算采用 Atom based 方法。退火动力学模拟参数设置如下：任务选择 Anneal，收敛标准选择 Ultra-fine，循环 20 次；初始温度为 300 K，最高温度为 800 K，总步数为 20 000，在恒原子数恒温及恒体积(NTV)条件下进行；初始速度选择 Random 法；时长为 1 fs，温度控制选择 Nose 法，采用 Universal 力场，采用 Gasteiger 法平衡电荷，库仑力和范德瓦耳斯力计算采用 Atom based 方法。

最终采用 Materials Studio 软件中 Amorphous Cell 模块建立单分子不同密度的周期性边界，并进行几何优化和退火动力学模拟，获得其低能量构型和能量组成，以判断聚集态结构的最适密度。在最适密度前提下，构建含不同数量单分子的周期性单元，并进行几何优化和退火动力学模拟，选取能量最低构型为神府煤大分子聚集态结构。建立煤大分子结构周期性边界的具体参数设置如下：任务选择 Construction；收敛标准选择 Ultra-fine；最大迭代次数为 100 000；采用 Universal 力场；平衡电荷采用 Gasteiger 方法；库仑力和范德瓦耳斯力计算采用 Atom based。

煤样为神府煤田大保当煤矿 5^{-1}煤，属于典型的优质富油煤，以下简称为神府煤(SFC)。

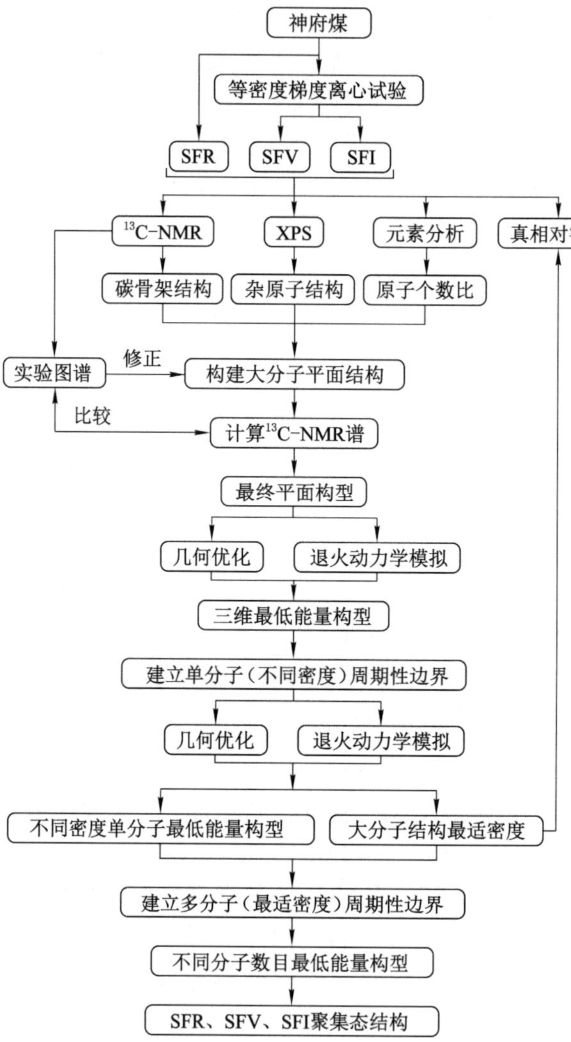

图 8.1　煤显微组分大分子结构及聚集态结构模型构建流程

为获得该煤样的显微组分富集物样品，本书参考文献[85,86]的方法，从煤样密度组成中获得不同显微组分的分离密度边界值，再通过等密度梯度离心法进行显微组分分离，以获得相应的研究用样品。

同一种煤样的有机显微组分中，壳质组密度最低，惰质组密度最高[85,86]。图 8.2 为神府煤的密度分布图，可以确定壳质组与镜质组、镜质组与惰质组、惰质组与无机矿物组分分离的密度分别为 1.24 g/cm^3、1.32 g/cm^3 和 1.45 g/cm^3。因此，密度＜1.24 g/cm^3 为壳质组富集物，密度 1.24～1.32 g/cm^3 为镜质组富集物(SFV)，密度 1.32～1.45 g/cm^3 为惰质组富集物(SFI)，密度＞1.45 g/cm^3 为无机矿物富集物。

基于图 8.2 结果，参考《烟煤的镜质组密度离心分离方法》(MT/T 807—1999)，依据神府煤显微组分分离边界进行分离试验，获得 SFV 和 SFI。根据《煤的真相对密度测定方法》(GB/T 217—2008)测定 SFC、SFV 和 SFI 的真相对密度值；依据《煤的工业分析方法》(GB/T 212—2008)进行工业分析测定；采用德国 Elementar 公司的 Vario EL Ⅲ型元素分

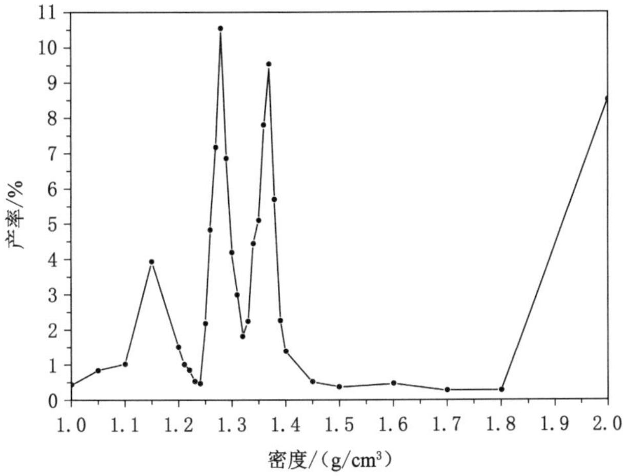

图 8.2　神府煤密度分布图

析仪测定煤样的元素组成；煤样的岩相分析按照《煤的显微组分组和矿物测定方法》(GB/T 8899—2013)进行，结果如表 8.1 和表 8.2 所示。

表 8.1　SFC、SFV 和 SFI 的工业分析和元素分析

样品	工业分析/%				元素分析/%					H/C 原子比
	M_{ad}	A_d	V_{daf}	FC_{ad}	C	H	O*	N	S	
SFC	3.29	12.56	37.77	52.62	82.41	5.78	9.53	1.52	0.76	0.84
SFV	3.37	3.59	42.25	53.80	81.73	5.94	10.10	1.58	0.29	0.87
SFI	3.35	4.28	33.00	61.99	83.81	5.55	8.94	1.50	0.20	0.79

＊注：氧元素采用差减法获得。

表 8.2　SFC、SFV 和 SFI 的真相对密度及岩相分析

样品	真相对密度/(g/cm³)	含矿物基/%				镜质体反射率/%		
		镜质组	惰质组	壳质组	无机矿物	平均值	标准差	反射率分布范围
SFC	1.36	46.10	45.80	1.40	6.70	0.50	0.03	0.45～0.56
SFV	1.30	81.00	17.20	1.60	0.20	0.55	0.03	0.50～0.59
SFI	1.38	21.20	76.40	1.90	0.50	0.50	0.03	0.42～0.54

由表 8.1 和表 8.2 可知，神府煤属于高挥发分煤，主要由镜质组和惰质组组成，壳质组含量很低。因此，在后续研究中以镜质组富集样和惰质组富集样为主要研究对象。

8.3　神府煤物理、化学结构表征技术

为了获得碳骨架结构参数和杂原子的赋存形态，分别对 SFC、SFV 和 SFI 进行了 ^{13}C-NMR 和 XPS 分析。

8.3.1 ^{13}C-NMR 分析

图 8.3 为 SFC 及 SFV 和 SFI 核磁共振碳谱图(扫描二维码可见彩图),根据谱图可分为 4 个主要峰:① 脂肪类碳峰,化学位移位于$(0\sim60)\times10^{-6}$,② 醇、醚类碳峰,化学位移为$(60\sim90)\times10^{-6}$,③ 芳烃类峰,化学位移为$(90\sim165)\times10^{-6}$,④ 羰基、羧基类碳峰,化学位移为$(165\sim240)\times10^{-6}$。其中,脂肪类峰强度:SFV>SFC>SFI,芳烃类峰强度顺序正好相反。芳香区峰面积要比脂肪区的大很多,说明芳香碳原子是大分子结构的主要组成部分,而脂肪碳在结构中则起到连接这些芳香结构单元的作用。

鉴于煤结构的复杂性,参照马汝嘉、张斌等人的研究方法[87],对谱图进行分峰处理,以进一步分析脂肪碳和芳香碳的组成和分布类型,获取煤样碳骨架的关键信息,并采用陈丽诗等[88]的修正方法对脂肪碳和芳香碳含量进行修正,将核磁共振碳谱中 SFC 及 SFV 和 SFI 修正后的化学位移归属及相对含量列于表 8.3 中,计算出煤大分子结构的 12 个主要结构参数,如表 8.4 所示。

表 8.3 ^{13}C-NMR 化学位移归属

类别	化学位移 $/10^{-6}$	官能团名称	相对含量/%		
			SFC	SFV	SFI
脂肪类	0~16	终端甲基($R-CH_3$)	1.74	2.36	1.96
	16~22	环上甲基($Ar-CH_3$)	2.65	2.38	2.17
	22~35	亚甲基($-CH_2$)	8.22	10.29	6.76
	35~40	次甲基($-CH$)	1.69	1.91	1.53
	40~50	季碳	2.03	2.09	1.87
	50~60	甲氧基($-OCH_3$)	0.71	0.58	0.79
	60~75	氧接脂碳	0.46	0.51	0.42
	75~90	醇、醚(R—O)	1.62	1.55	1.62
芳烃类	90~129	质子化芳香碳	42.87	42.63	42.34
	129~137	桥接芳碳	11.04	10.51	11.75
	137~150	烷基取代芳碳	14.86	14.42	15.28
	150~165	氧接芳碳	7.13	6.38	8.08
羰基	165~188	羧基、脂基	3.17	2.69	3.45
	188~240	酮、醌、醛	1.81	1.71	2.01

表 8.4 ^{13}C-NMR 结构参数计算结果

样品名称	f_a	f_a^c	f'_a	f_a^H	f_a^N	f_a^P	f_a^S	f_a^B	f_{al}	f_{al}^H	f_{al}^*	f_{al}^O
SFC	81.80	9.50	72.30	40.84	31.46	6.79	14.16	10.52	18.20	11.37	4.18	2.66
SFV	79.29	8.44	70.84	40.85	30.00	6.11	13.81	10.07	20.72	13.66	4.54	2.52
SFI	83.77	10.34	73.44	40.14	33.29	7.66	14.49	11.14	16.23	9.64	3.92	2.68

注:f_a为总芳香碳质量分数;f_a^c为羰基碳质量分数;f'_a为芳香碳的质量分数;f_a^H为质子化芳碳质量分数;f_a^N为非质子化芳碳质量分数;f_a^P为酚羟基或醚氧键碳质量分数;f_a^S为烷基取代芳香碳的质量分数;f_a^B为芳香族桥接碳质量分数;f_{al}为脂肪族碳的总质量分数;f_{al}^H为季碳、亚甲基、次甲基碳质量分数;f_{al}^*为脂肪族甲基和芳香族甲基碳质量分数;f_{al}^O为脂肪族氧接碳质量分数。

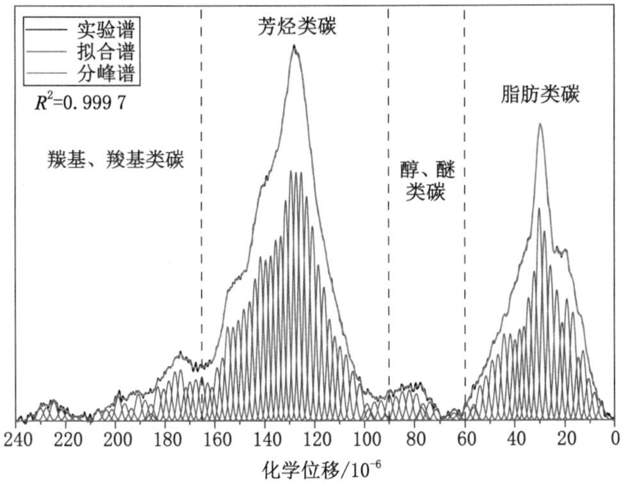

（a）SFC

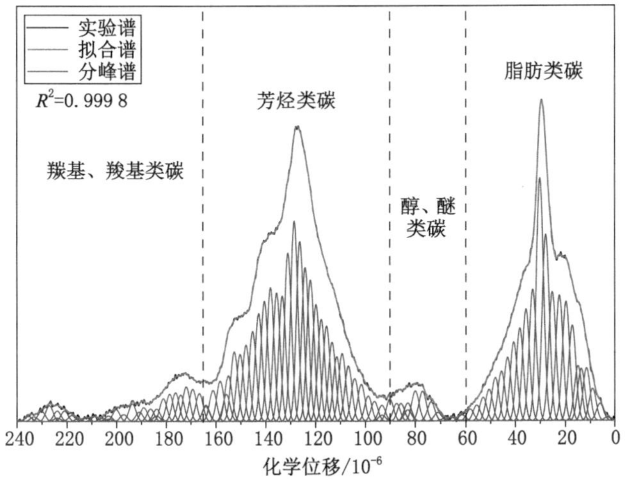

（b）SFV

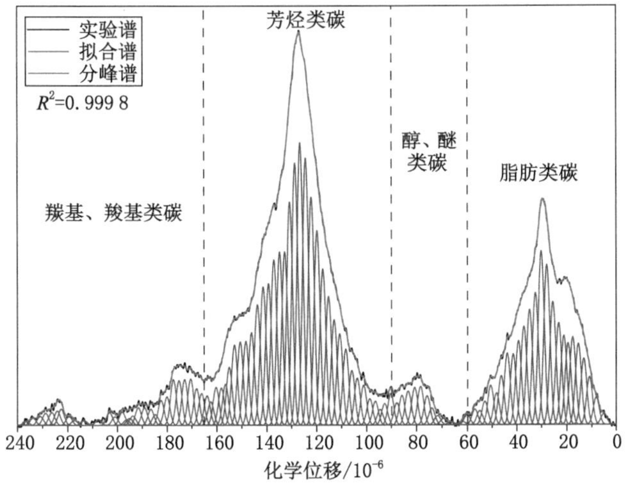

（c）SFI

图 8.3　SFC 及 SFV 和 SFI 核磁共振碳谱图

由表 8.3 和表 8.4 可知，SFC 及 SFV 和 SFI 的碳骨架结构整体具有相似性，芳香类的碳骨架结构相对含量高低表现为：SFI>SFC>SFV；除醚和甲氧基官能团连接的脂肪基外，其他脂肪族官能团相对含量高低均呈现为：SFV>SFC>SFI；芳环缩合程度大小顺序为：SFI>SFC>SFV；烷基侧链数量和长度大小顺序为：SFV>SFC>SFI。

8.3.2 XPS 分析

(1) 煤样中氧的赋存形态

煤中含氧官能团主要包括羧基、羰基、羟基和醚氧基[89]。图 8.4 为 SFC、SFV 和 SFI 的 XPS O(1s)谱图(扫描二维码可见彩图)。由图 8.4 可知，神府煤的表面氧主要呈现出 4 种赋存形态：羰基氧、酚羟基氧和醚基氧、羧基氧、吸附氧，详细数据见表 8.5。其中吸附氧和羧基氧更倾向于富集在 SFV 中，而羰基氧、酚羟基氧和醚基氧在 SFI 中的含量相对更高一些。

表 8.5 SFC、SFV 和 SFI 的 XPS O(1s)和 XPS N(1s)组成

样品	项目	峰位/eV	归宿	相对面积/%
SFC	O1s	535.71	吸附氧	3.91
		533.88	COO—	29.52
		532.66	C—O	33.61
		532.07	C═O	32.96
	N1s	403.49	氮氧化合物	13.39
		402.10	季氮	19.31
		400.66	吡咯型氮	36.68
		399.33	吡啶型氮	30.62
SFV	O1s	535.39	吸附氧	7.08
		533.97	COO—	30.64
		533.02	C—O	31.49
		532.02	C═O	30.79
	N1s	403.17	氮氧化合物	4.03
		401.67	季氮	11.89
		400.45	吡咯型氮	27.32
		399.46	吡啶型氮	56.76
SFI	O1s	536.05	吸附氧	2.38
		534.51	COO—	25.46
		533.48	C—O	38.14
		532.54	C═O	34.02
	N1s	403.33	氮氧化合物	17.24
		401.85	季氮	20.64
		400.47	吡咯型氮	48.66
		399.20	吡啶型氮	13.46

(2) 煤样中氮的赋存形态

煤中氮元素几乎全部以有机物的形态赋存，主要为吡咯型、吡啶型和季氮型[90]。图 8.5

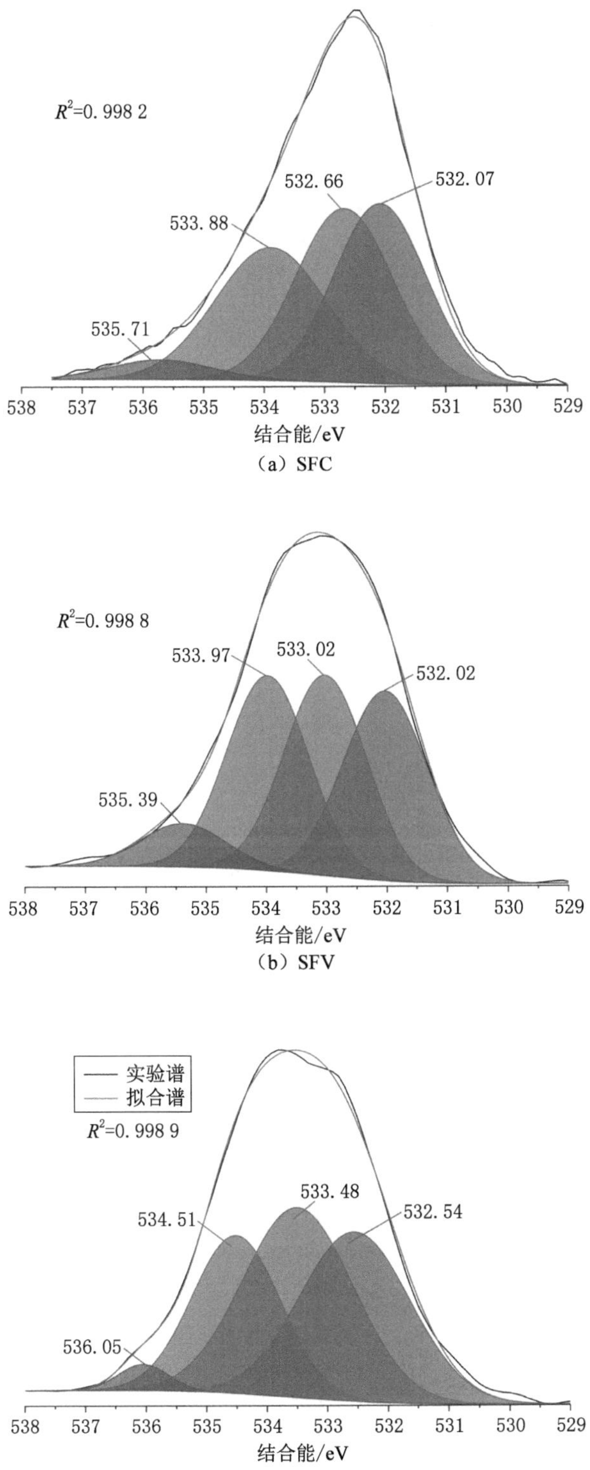

（a）SFC

（b）SFV

（c）SFI

图 8.4　SFC、SFV 和 SFI 的 XPS O(1s)谱图

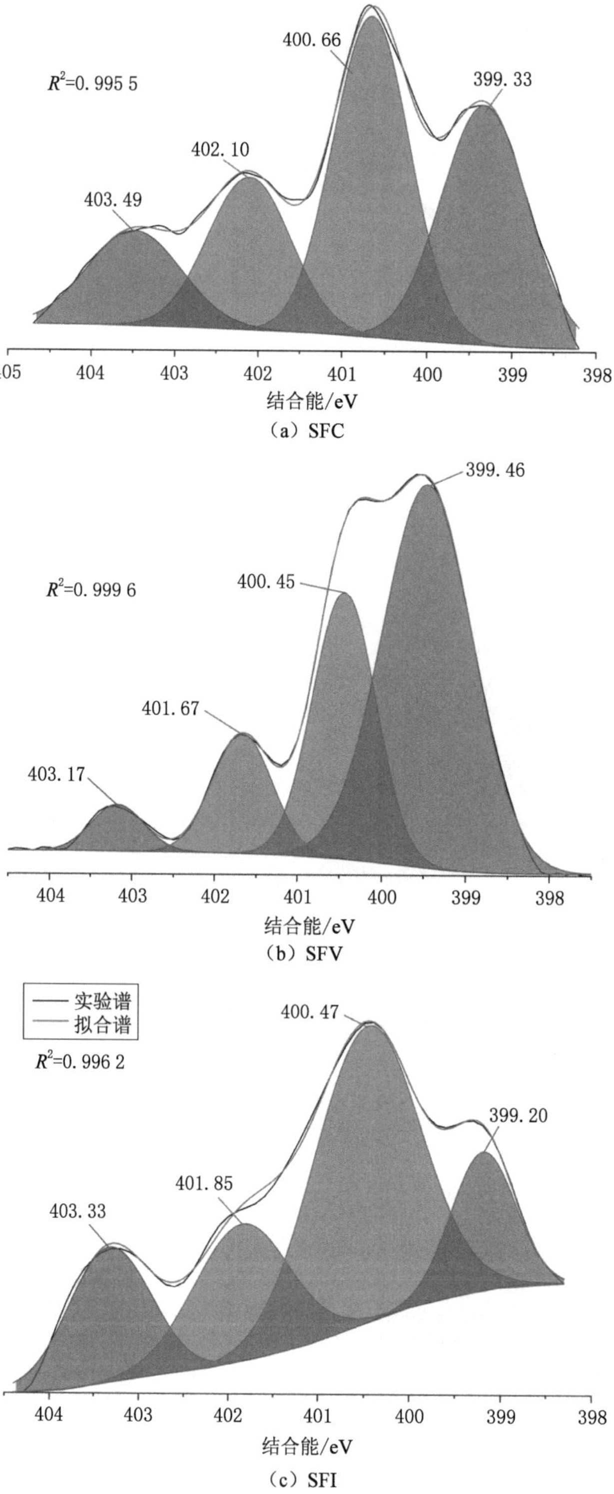

图 8.5　SFC、SFV 和 SFI 的 XPS N(1s)谱图

为 SFC、SFV 和 SFI 的 XPS N(1s)的分峰拟合谱图(扫描二维码可见彩图)。由图 8.5 可知，吡啶型氮和吡咯型氮为 SFC、SFV 和 SFI 氮的主要赋存形式，吡咯型氮在 SFI 表面的含量较高，而吡啶型氮则主要富集在 SFV 煤样表面。

8.4　神府煤大分子基本结构特征

8.4.1　芳香结构

芳香桥碳与周碳的比值$\left(X_{BP}=\dfrac{f_a^B}{f_a^P+f_a^H+f_a^S}\right)$可以直观地反映煤结构中芳香环的缩合程度，由此可判断出煤结构中芳香族簇的尺寸[91]。由表 8.4 数据可计算得到 SFC、SFV 和 SFI 煤样的 X_{BP}分别为 0.170、0.166 和 0.179，远低于芳香化合物萘的 X_{BP}值(0.25)，说明芳环数为 2 的萘已经可以代表 SFC、SFV 和 SFI 芳香结构特征。因此，本研究在构建 SFC、SFV 和 SFI 的结构模型时最多只考虑两个芳环。通过不断调整苯、萘和芳香杂环的数量，使 SFC、SFV 和 SFI 模型的 X_{BP}接近 0.170、0.166 和 0.179。表 8.6 为构建 SFC、SFV 和 SFI 的结构模型中的芳环类型及数量，以此可以确定 SFC、SFV 和 SFI 的芳环碳原子总数分别为 97、98 和 106 个，结合表 8.4 中 SFC、SFV 和 SFI 的 f_a^H和 f_a^N值，可以计算得到 SFC、SFV 和 SFI 芳环碳的非质子化芳碳率分别为 43.51%、42.34%和 45.34%，说明超过 40%的芳环碳被桥键或烷基侧链取代。

表 8.6　SFC 及 SFV 和 SFI 大分子模型中的芳香结构

芳香结构	数量/个		
	SFC	SFV	SFI
	3	3	3
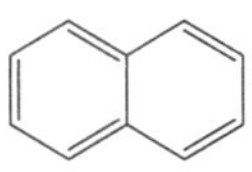	7	7	8
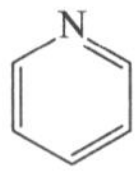	1	2	0
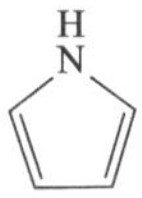	1	0	2

8.4.2 脂肪碳结构

根据 SFC、SFV 和 SFI 的芳环碳原子数及其对应的 f'_a 值，可以反推出所构建 SFC、SFV 和 SFI 模型中碳原子数分别为 128、133 和 137，再结合 f_{al} 值，可计算出 SFC、SFV 和 SFI 模型中脂肪碳原子数分别为 24、29 和 23。由表 8.3 可知，SFC、SFV 和 SFI 中的脂肪结构以亚甲基为主，在脂肪碳中的相对含量达到 42.99%、47.49% 和 39.50%，而脂肪端甲基的含量仅为 9.10%、10.89% 和 11.47%，说明 SFC、SFV 和 SFI 中烷基侧链含量较少，且存在少量的环烷烃结构。SFC、SFV 和 SFI 的 f_a^S 值分别为 14.16%、13.81% 和 14.49%，说明芳环之间和芳环侧链主要通过烷基脂肪碳相连。由表 8.1 中元素分析结果可以计算出 SFC、SFV 和 SFI 的 H/C 原子比分别为 0.84、0.87 和 0.79，在建模过程中通过调整结构模型中脂碳原子的类型使其 H/C 原子比与试验值相符。

8.4.3 杂原子结构

根据 SFC、SFV 和 SFI 的碳原子总数和元素分析结果可以计算出氧原子个数分别为 11、12、11，氮原子个数分别为 2、2、2，由于硫元素在神府煤中的含量极低，故不作考虑。由表 8.5 可知，神府煤样中氮元素主要以吡啶和吡咯的形式存在，SFC 中吡啶型氮和吡咯型氮的含量相当，二者接近 1∶1，而 SFV 中主要以吡啶型氮为主，SFI 中则主要以吡咯型氮为主。由表 8.4 可知，SFC、SFV 和 SFI 的 f_a^P 值均远高于 f_{al}^O 值，说明大部分含氧官能团与芳碳相连，或形成连接芳环的桥键，结合表 8.5 中 XPS 的分析结果可知，SFC、SFV 和 SFI 中氧的分布类型相差不大，主要以 COO—、C—O、C═O 三种形式存在，三者比例接近于 1∶1∶1，结合表 8.3 中氧接碳的类型和数量，对含氧官能团的类型和数量进行微调，最终确定含氧官能团的具体赋存类型和数量如表 8.7 所示。

表 8.7　SFC、SFV 和 SFI 分子模型中的含氧官能团

含氧官能团	数量/个		
	SFC	SFV	SFI
R—OCH_3	1	1	1
R—C(═O)—R′	3	4	2
R—O—R′	2	1	2
R—OH	1	2	2
R—C(H)═O	2	2	1

8.5 神府煤大分子结构模型构建及优化技术

8.5.1 模型构建

根据 SFC、SFV 和 SFI 碳原子总数及表 8.3 中各结构碳相对含量，可计算出每种类型碳原子的具体数量，结合表 8.6 和表 8.7 中所确定芳香结构和含氧官能团，初步绘制 SFC、SFV 和 SFI 的平面结构，并预测其 ^{13}C-NMR 图谱，通过与试验图谱进行对比，不断调整所构模型中各结构的连接方式，使 SFC、SFV 和 SFI 的计算图谱和试验图谱尽可能保持一致，其最终对比结果及平面结构模型分别如图 8.6（扫描二维码可见彩图）和图 8.7 所示，模型结构参数见表 8.8。图 8.6 中试验结果与模型计算结果具有很高的一致性，说明本研究中所构建的模型是合理的。

表 8.8　SFC、SFV 和 SFI 大分子模型的结构参数

样品	分子式	相对分子质量	元素含量/%					H/C 原子比	X_{BP}
			C	H	O	N	S		
SFC	$C_{128}H_{106}N_2O_{11}$	1 848.26	83.18	5.78	9.52	1.52	0.00	0.83	0.169
SFV	$C_{133}H_{114}N_2O_{12}$	1 932.38	83.67	5.95	9.94	1.45	0.00	0.85	0.167
SFI	$C_{137}H_{110}N_2O_{11}$	1 960.39	83.94	5.66	8.98	1.43	0.00	0.80	0.179

8.5.2 模型优化

图 8.8 为优化后 SFC、SFV 和 SFI 大分子能量最低构型（扫描二维码可见彩图），优化后大分子结构模型的能量组成如表 8.9 所示。神府煤大分子结构势能主要包括范德瓦耳斯能、键伸缩能、角能和扭转能等形式，其中范德瓦耳斯能最高。经过几何优化和退火动力学模拟后，桥键、脂肪键等发生明显扭转，芳环部分多以平行或垂直的方式排列，易形成 $\pi-\pi$ 共轭和 $\pi-\sigma$ 超共轭，维持大分子结构能量稳定。

表 8.9　SFC、SFV 和 SFI 大分子最低势能结构能量参数

样品	总势能/(kJ/mol)	键能/(kJ/mol)			非键能/(kJ/mol)		
		键伸缩能	角能	扭转能	反转能	范德瓦耳斯能	静电能
SFC	1 385.67	222.14	303.43	212.46	1.91	703.36	−57.62
SFV	1 462.72	219.42	133.52	313.72	1.66	833.27	−38.86
SFI	1 887.89	234.71	443.31	325.07	2.11	889.76	−7.08

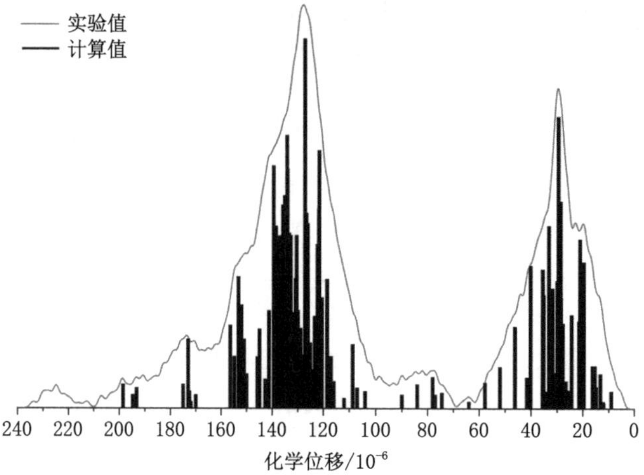

(a) SFC

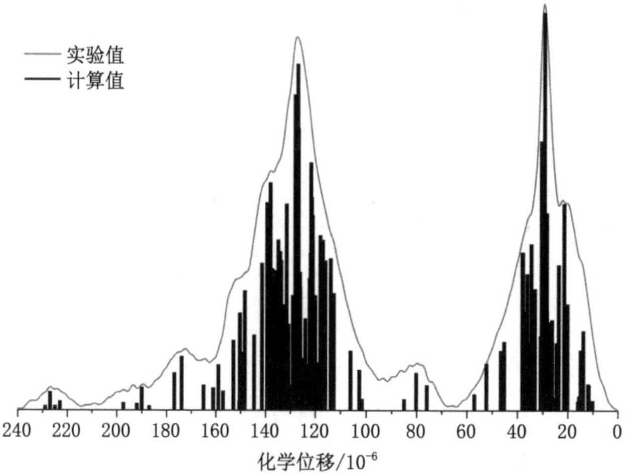

(b) SFV

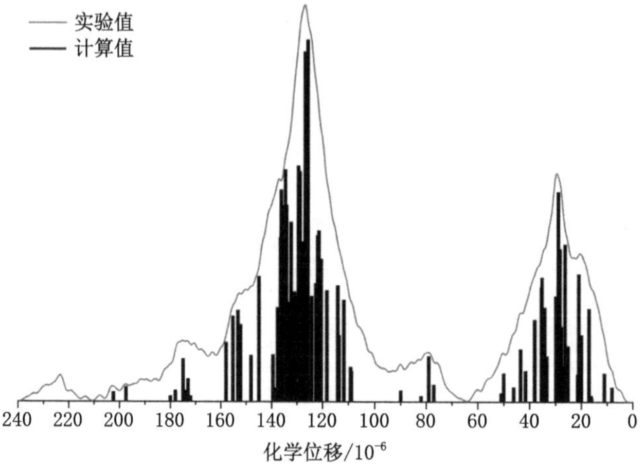

(c) SFI

图 8.6　SFC、SFV 和 SFI 的 ^{13}C-NMR 试验及计算谱图

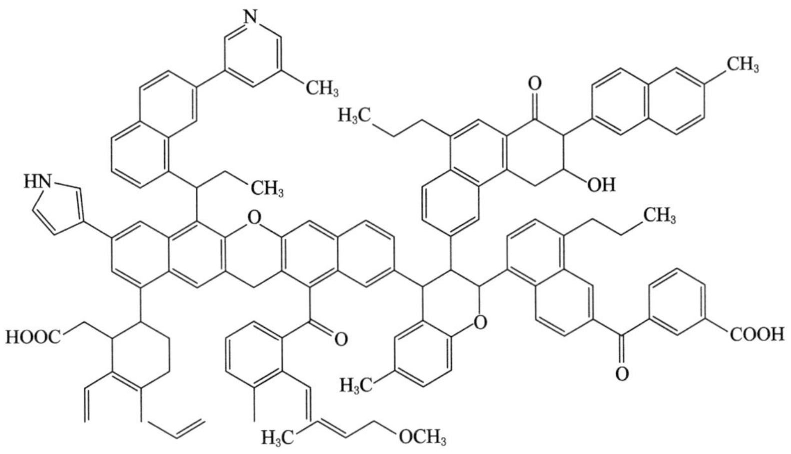

（a）SFC

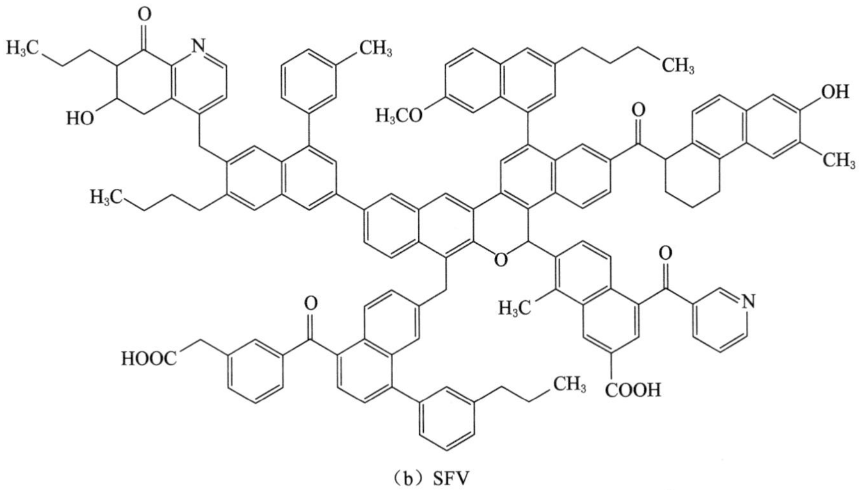

（b）SFV

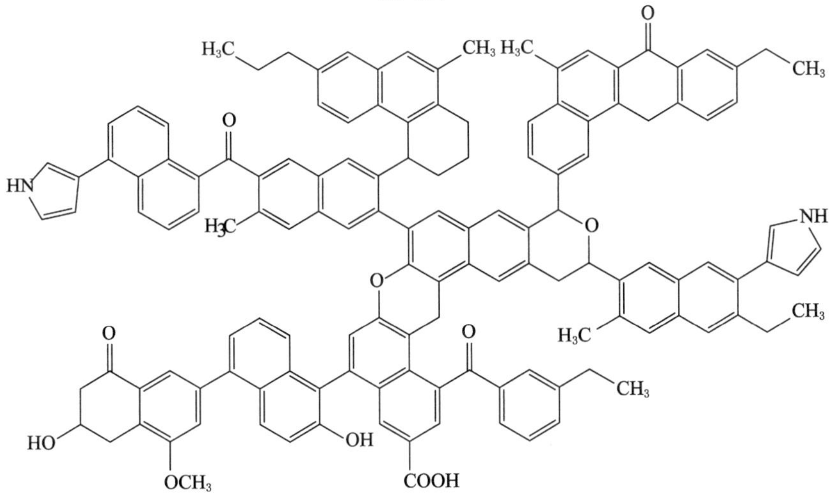

（c）SFI

图 8.7　SFC、SFV 和 SFI 大分子结构平面模型

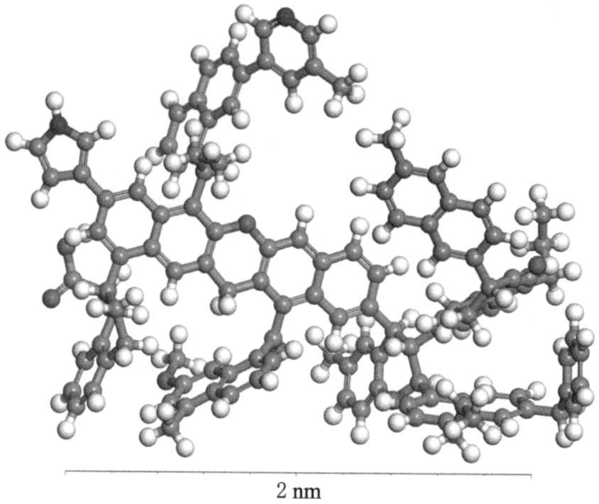

（a）SFC

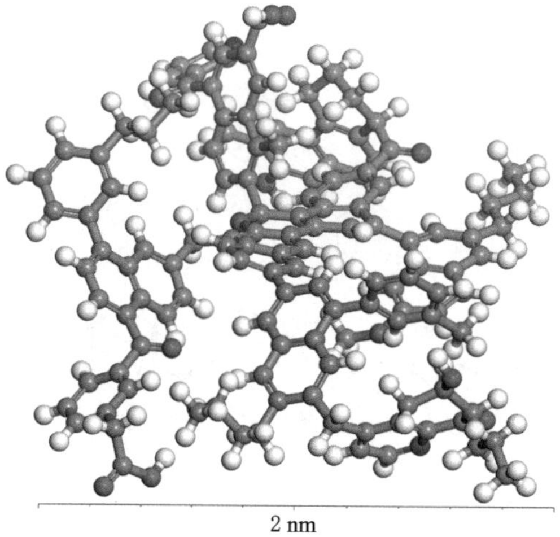

（b）SFV

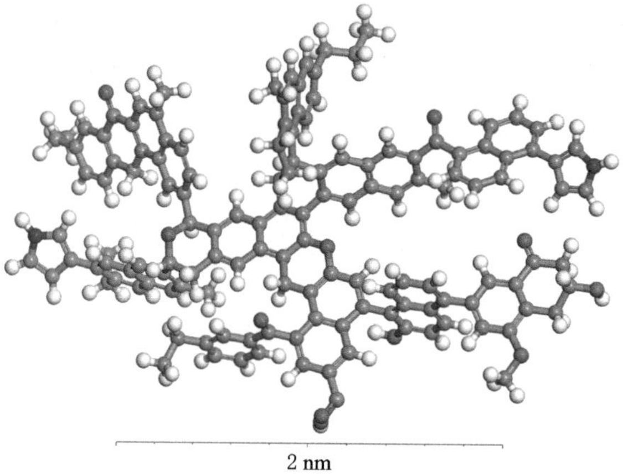

（c）SFI

●—碳原子；○—氢原子；●—氧原子；●—氮原子

图 8.8　SFC、SFV 和 SFI 大分子最低势能结构模型

8.6 神府煤最适密度及聚集态构型设计

8.6.1 SFC、SFV 和 SFI 大分子结构最适密度

研究表明，煤分子首次达到最低能量时对应的密度并不能反映煤的真实密度，超过该值后能量最低值所对应的密度更为准确[92]。图 8.9 为 SFC、SFV 和 SFI 大分子结构模型密度与总势能变化曲线，根据文献[93]，选取曲线中第 2 个极小值点为最适密度点，可见 SFV 的模拟密度最低，为 1.25 g/cm^3；SFC 的模拟密度次之，为 1.30 g/cm^3；SFI 的模拟密度最大，为 1.35 g/cm^3。模拟密度均略低于实际密度值（SFV、SFC 和 SFI 的真相对密度分别为 1.30 g/cm^3、1.36 g/cm^3 和 1.38 g/cm^3），这是由于真相对密度测试过程中试验样品含有一定比例无机矿物组分，导致测试的实际密度偏大。综合来看，SFV、SFC 和 SFI 的模拟密度与实际密度具有较高的一致性，说明所构模型及所采选力场是准确的。

图 8.10 为神府煤最适密度结构模型（扫描二维码可见彩图），结合图 8.8 可知，在最适密度的优化过程中，分子结构由最初相对分散的状态逐渐被压缩变得紧凑，维持分子结构稳定的各种能量不断发生调整，结合表 8.9 和表 8.10 可知，模型在优化密度的过程中，总势能有不同程度的减小，这主要归因于范德瓦耳斯能和静电能的大幅降低，其中 SFV 总势能的降低幅度最大，SFC 次之，SFI 最小，这是由于不同结构中脂肪碳相对含量和单键数量不同，在结构优化过程中，单键更容易发生扭转，使芳环的排列方式发生变化，导致范德瓦耳斯能和静电能大幅降低，角能和扭转能略有提升。

表 8.10 SFC 及 SFV 和 SFI 最适密度结构能量参数

样品	总势能/(kJ/mol)	键能/(kJ/mol)			非键能/(kJ/mol)		
		键伸缩能	角能	扭转能	反转能	范德瓦耳斯能	静电能
SFC	795.72	210.77	367.95	320.74	8.57	366.42	−467.78
SFV	752.80	186.00	152.10	532.32	9.87	285.77	−402.28
SFI	1 493.05	223.62	528.34	729.94	20.03	502.44	−499.31

8.6.2 神府煤大分子结构聚集态构型

分子间作用能的大小直接影响分子的聚集能力及聚集形态。连露露等[94]对不同煤族组分骨架结构分子模型进行了分子动力学模拟，并通过能量参数探究了各族组分骨架大分子形成多分子稳定聚集体的分子机制和能量机制。本书采用文献[94]的方法分别建立了 SFC、SFV 和 SFI 不同分子数目的周期性结构单元，其能量参数如图 8.11 所示。

单分子在形成分子聚集体时，能量总体与分子数量呈线性增加趋势，但存在不同程度的波动，这种波动主要是因为分子在聚集过程中，为使整体能量稳定，而发生的局部结构调整优化所导致的。结构 SFC、SFV 和 SFI 的各类键能整体与分子数量的线性关系较好，没有明显波动，而非键能随分子数量的波动程度相对较大，主要是由范德瓦耳斯能引起的。范德瓦耳斯能的具体波动情况如图 8.12 所示。

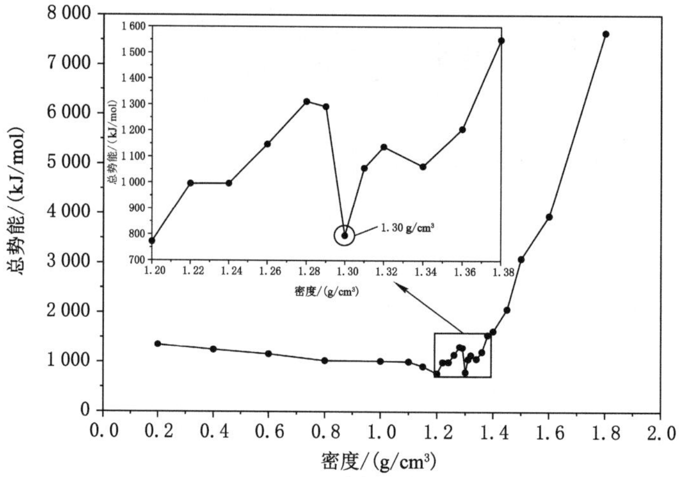

(a) SFC

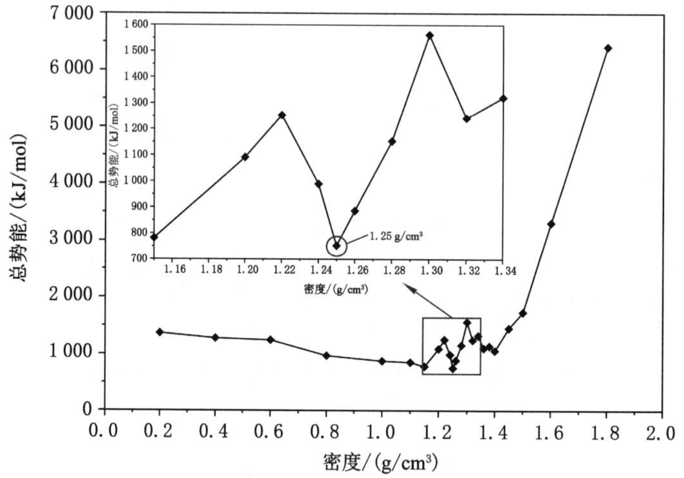

(b) SFV

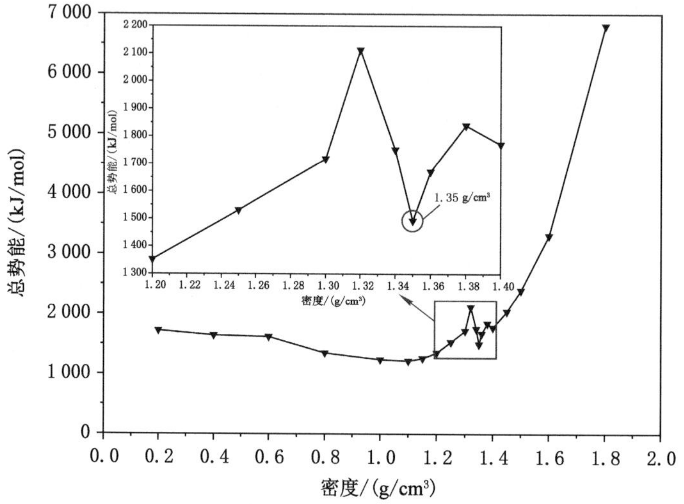

(c) SFI

图 8.9 SFC、SFV 和 SFI 大分子势能与模拟密度关系曲线

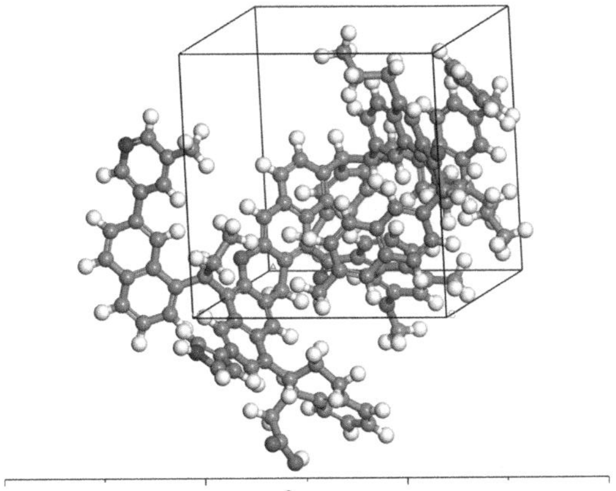

（a）SFC

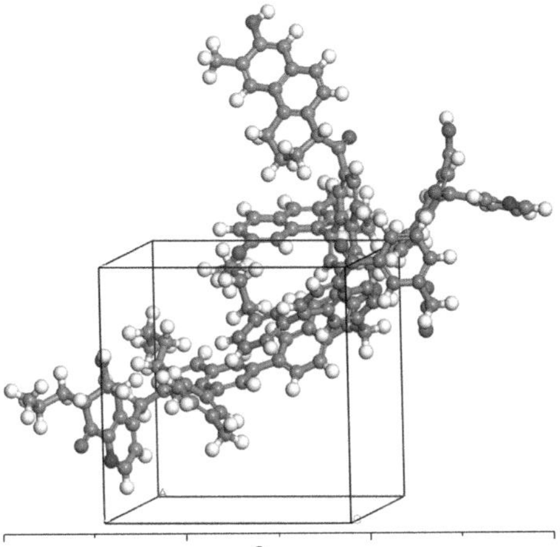

（b）SFV

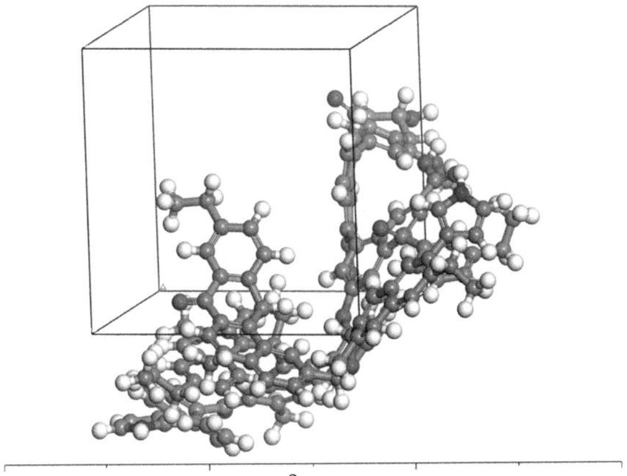

（c）SFI

●—碳原子；○—氢原子；●—氧原子；●—氮原子

图 8.10　SFC、SFV 和 SFI 大分子最适密度结构模型

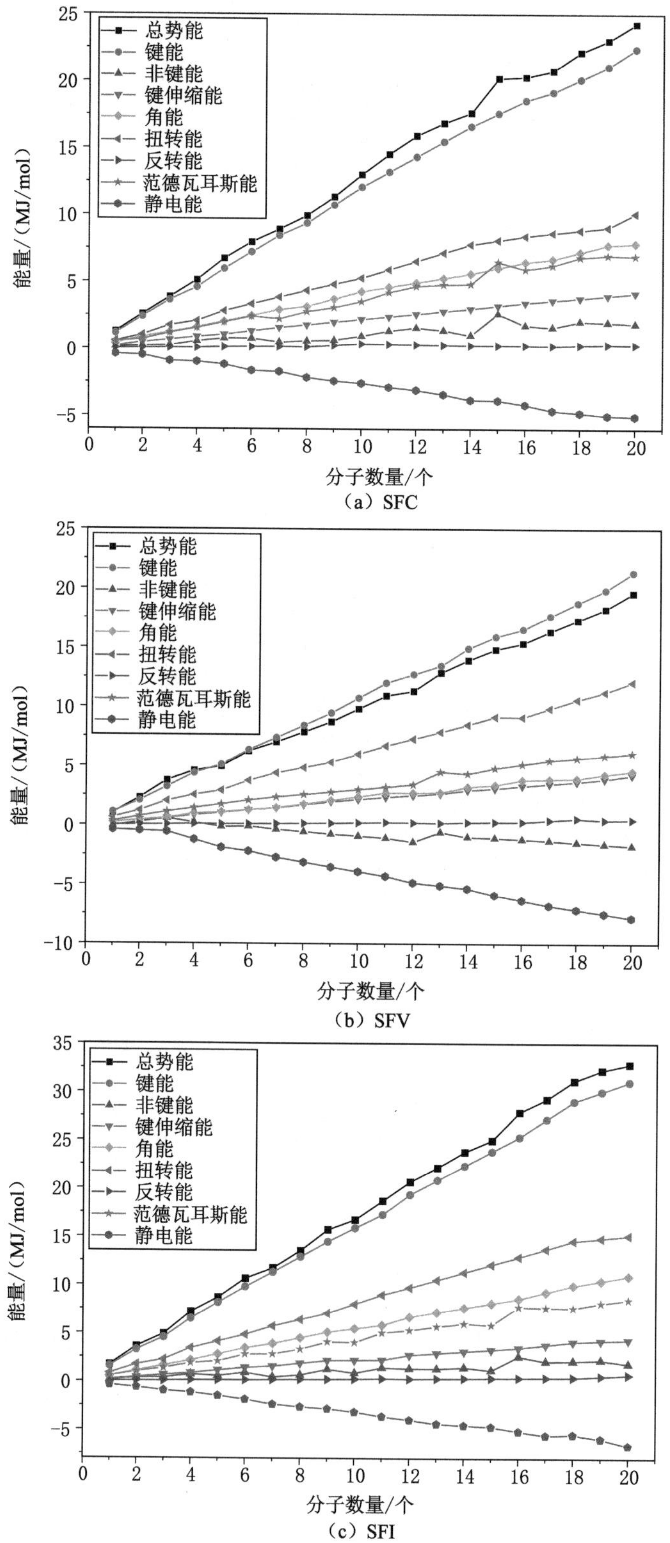

（a）SFC

（b）SFV

（c）SFI

图 8.11　SFC、SFV 和 SFI 不同分子数聚集态结构能量参数

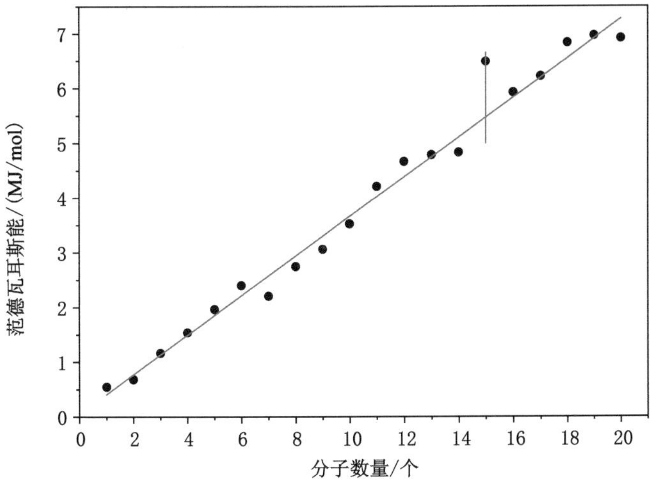

(a) SFC

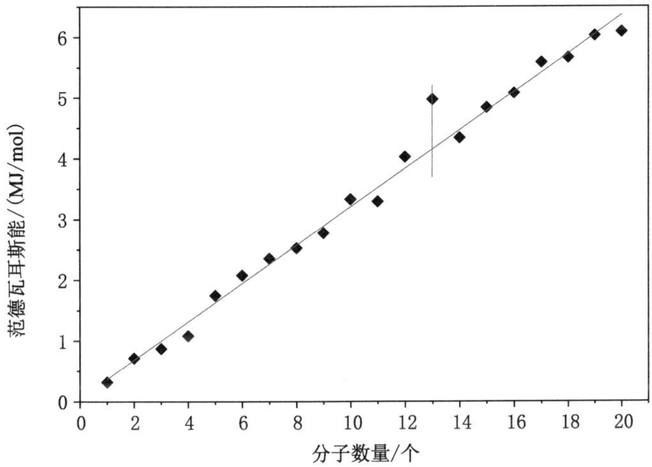

(b) SFV

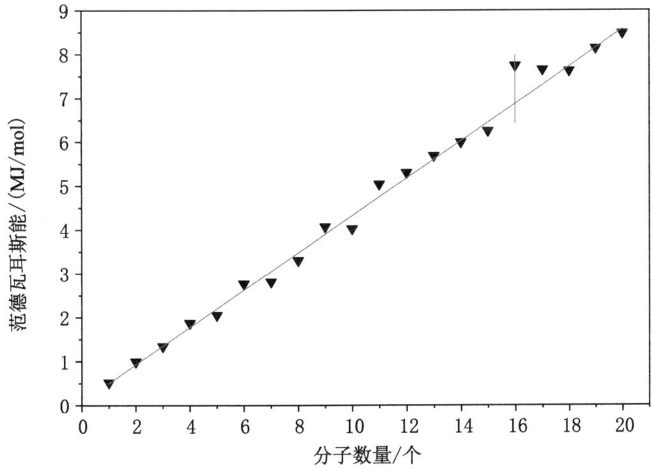

(c) SFI

图 8.12　SFC、SFV 和 SFI 不同分子数聚集态结构范德瓦耳斯能变化情况

单分子在形成分子聚集体时，能量总体与分子数量呈线性增加趋势，但存在不同程度的波动，这种波动主要是因为分子在聚集过程中，为使整体能量稳定而发生的局部结构调整优化所导致的。结构 SFC、SFV 和 SFI 的各类键能整体与分子数量的线性关系较好，没有明显波动，而非键能随分子数量的波动程度相对较大，主要是由范德瓦耳斯能引起的。范德瓦耳斯能的具体波动情况如图 8.12 所示。

随着分子数量的增加，范德瓦耳斯能总体上随分子数量的增加而线性增加，但当 SFC、SFV 和 SFI 的分子数量分别达到 15 个、13 个和 16 个时，其范德瓦耳斯能发生明显波动，脱离了线性范畴，这可能是因为煤大分子结构的主体部分均为芳环，易存在 $\pi-\pi$ 相互作用，而分子在形成聚集体的过程中主要发生的是局部单键的优化，这种小幅度的单键调整，对键能不会产生太大影响，但会使与之相连芳环的相对位置发生变化，导致范德瓦耳斯能产生波动，但随着分子数量的增加，分子结构微调已不足以使整个体系维持低能量状态，从而使分子及分子间发生较大调整，使范德瓦耳斯能发生较大波动。说明当 SFC、SFV 和 SFI 的分子数量分别达到 15 个、13 个和 16 个时，形成了更加稳定的聚集态结构，因此，本书认为 SFC、SFV 和 SFI 聚集态结构分别由 15 个、13 个和 16 个大分子聚集而成。SFC、SFV 和 SFI 聚集态结构如图 8.13 所示(扫描二维码可见彩图)。

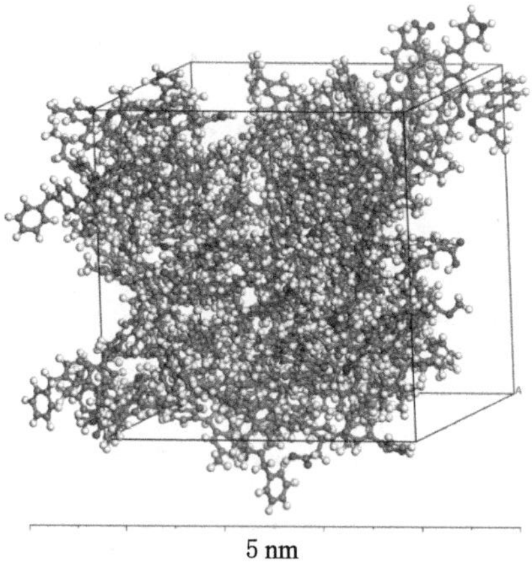

5 nm

(a) SFC

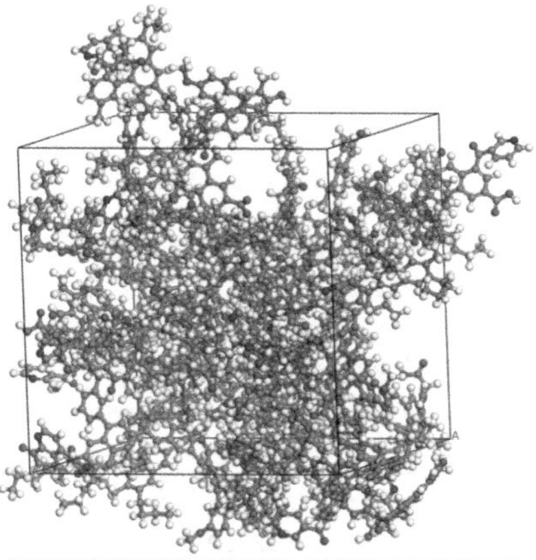

5 nm

(b) SFV

图 8.13　SFC、SFV 和 SFI 的聚集态结构

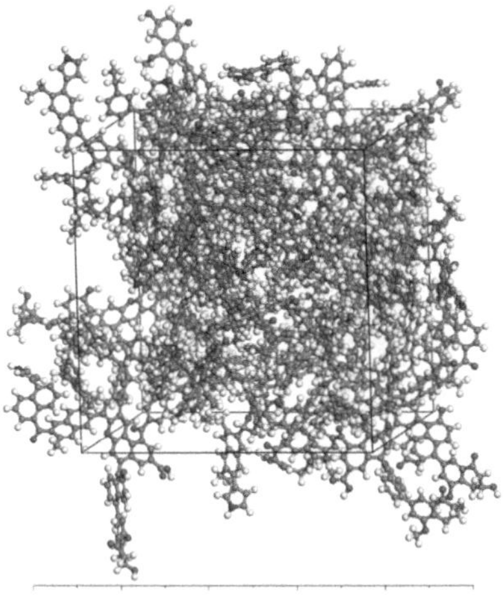

5 nm
(c) SFI

●—碳原子；○—氢原子；●—氧原子；●—氮原子

图 8.13 （续）

8.7　神府煤大分子及聚集态结构对比分析

前述研究基于“统计结构平均”的思想，成功构建了 SFR、SFV、SFI 的稳定大分子结构和聚集态结构。为进一步开展 SFC、SFV 和 SFI 的结构及其相关特性的比较分析，以预测其反应性差异，发挥结构模型的理论指导作用，采用 Materials Studio 软件中的 Atom Volumes & Surfaces 工具分别对图 8.13 所构建聚集态结构的相关物理结构参数进行表征，SFC、SFV 和 SFI 聚集态结构相关参数如表 8.11 所示。

表 8.11　SFC、SFV 和 SFI 聚集态结构相关参数

聚集态结构	体积/nm^3	比表面积/(m^2/g)	孔隙率/%	与周围单元重叠率/%
SFV	29.61	0.176 5	11.26	28.07
SFC	33.48	0.139 2	8.87	33.43
SFI	35.68	0.123 5	7.52	36.76

由表 8.11 可知，SFV 聚集态结构的比表面积相对较大，为 0.176 5 m^2/g，SFC 次之，为 0.139 2 m^2/g，SFI 最小，为 0.123 5 m^2/g，这与聚集态结构的孔隙特征密不可分，高孔隙率对应高比表面积，图 8.14 为 SFC、SFV 和 SFI 聚集态结构的孔隙特征(扫描二维码可见彩图)。

图 8.14 中灰色部分表示孔隙的结构特征，蓝色部分表示从该周期性单元表面可以到达孔隙内部，即该孔隙为开孔或与周围周期性单元间贯通。SFV 聚集态结构的孔隙较为发达，孔隙率相对较高，平均孔径相对较小，且开孔和半封闭孔的数量相对较多，与周围周期性单元之间的连通性较好，小孔多以闭孔为主。而 SFI 聚集态结构的比表面积和孔隙率相对较低，且孔隙多以闭孔为主，开孔和半封闭孔的数量较少，与周围周期性单元之间的连通性

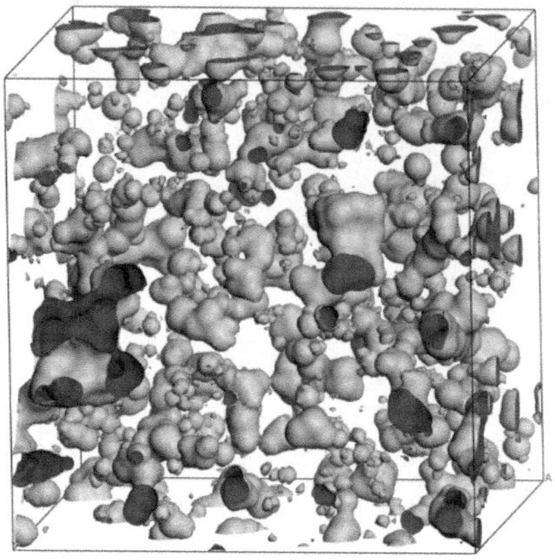

5 nm

（a）SFC

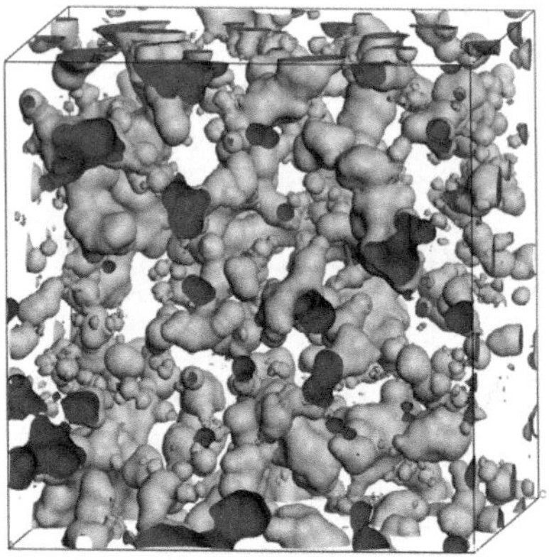

5 nm

（b）SFV

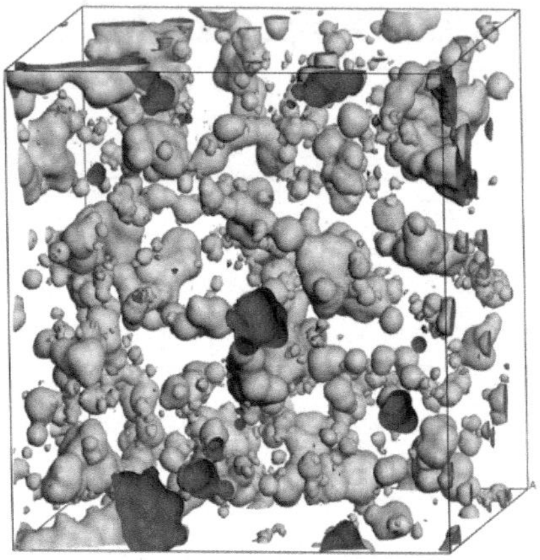

5 nm

（c）SFI

图 8.14　SFC、SFV 和 SFI 聚集态结构的孔隙结构

较差，但从图 8.14(c)中可以看出，SFI 聚集态结构中的开孔和半封闭孔的孔径相对较大。这可能是惰质组分能够被广泛应用于制备吸附材料的原因之一。SFC 聚集态结构的比表面积和孔隙率介于 SFV 与 SFI 之间。结合图 8.8 分析结果可知，SFV 结构中含有较多的脂肪单键，且芳环结构之间存在明显夹角，在形成聚集态结构的过程中被压缩容易形成小而封闭的孔隙。而 SFI 结构中含有相对较多的芳香结构，大分子结构相对分散，在形成聚集态结构的过程中能够有效压缩分子间的孔隙，使其结构致密，从而导致 SFI 聚集态结构中小孔数量相对较少，而对于不能被压缩的部分，往往形成孔径相对较大的开孔或半封闭孔。

从图 8.13 中可以明显看出，每种聚集态结构均有不同程度的结构溢出周期性边界，进入周围周期性单元中，这也是周期性单元能够紧密结合的主要原因，图 8.15 明显展示了 SFC、SFV 和 SFI 聚集态结构与周围周期性单元间的结合情况(扫描二维码可见彩图)。SFV 聚集态结构与周围周期性单元的重叠率相对较低，且进入其他周期性单元中结构的相对长度较短，这与其大分子结构相对集中的特点密不可分，而 SFI 相对发散的大分子结构则使其聚集态结构与周围周期性单元之间具有高的重叠率和较长重叠结构，据此可以预测 SFV 所形成的宏观颗粒相较 SFI 而言具有更为易碎和可磨性高的特点，这与部分学者的研究结果是一致的[95,96]。

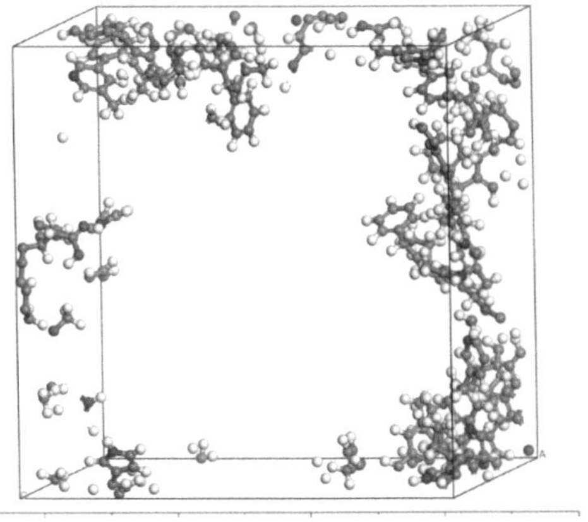

5 nm

(a) SFC

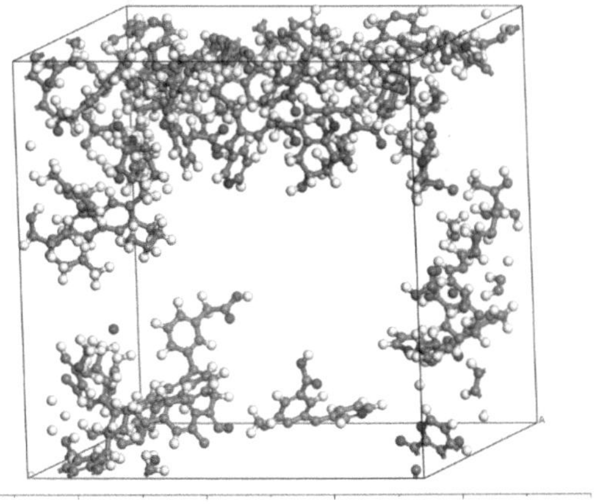

5 nm

(b) SFV

图 8.15　SFC、SFV 和 SFI 聚集态结构与周围周期性单元的重叠情况

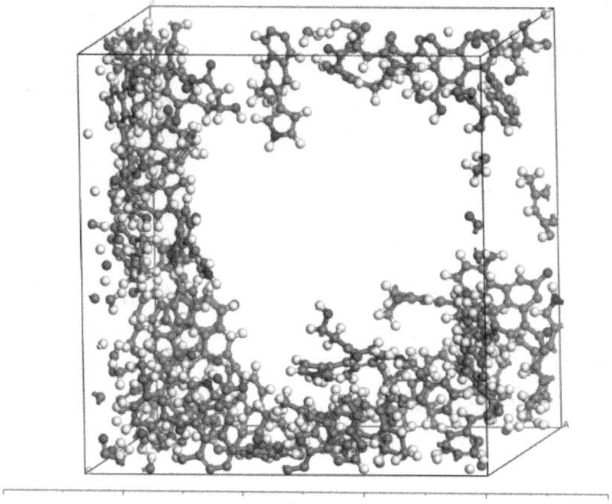

（c）SFI

●—碳原子； ○—氢原子； ●—氧原子； ●—氮原子

图 8.15 （续）

SFC、SFV 和 SFI 大分子及其聚集态结构特征如表 8.12 所示。

表 8.12 SFC、SFV 和 SFI 大分子及其聚集态结构特征总结

类别		SFV	SFC	SFI
大分子结构	结构简式	$C_{133}H_{114}N_2O_{12}$	$C_{128}H_{106}N_2O_{11}$	$C_{137}H_{110}N_2O_{11}$
	相对分子质量	1 932.38	1 848.26	1 960.39
	芳香结构	芳碳数量及芳香结构少，缩合程度低	介于 SFV 与 SFI 之间	芳碳数量及芳香结构多，缩合程度高
	脂肪结构	以脂肪侧链、桥键为主，含有少量环烷烃	以脂肪侧链、桥键和环烷烃为主	以桥键和环烷烃为主，脂肪侧链含量较少
	杂原子结构	COO—、C—O 和 C═O 含量相当；以吡啶氮为主	COO—、C—O 和 C═O 含量相当；吡啶和吡咯氮含量相当	COO—、C—O 和 C═O 含量相当；以吡咯氮为主
	变质程度	处于 SFV 与 SFI 之间	相对较低	相对较高
	主要势能	范德瓦耳斯能＞扭转能＞键伸缩能＞角能	范德瓦耳斯能＞角能＞键伸缩能＞扭转能	范德瓦耳斯能＞角能＞扭转能＞键伸缩能
	分子尺寸	1.37 nm×1.37 nm×1.37 nm	1.31 nm×1.31 nm×1.31 nm	1.34 nm×1.34 nm×1.34 nm
	稳定构型空间特征	结构相对集中，不同芳环平面结构间存在明显夹角	介于 SFV 与 SFI 之间	结构相对分散，芳环部分多以平行或垂直的方式排列

表 8.12(续)

类别		SFV	SFC	SFI
聚集态结构	最适密度	1.25 g/cm^3	1.30 g/cm^3	1.35 g/cm^3
	大分子个数	13 个	15 个	16 个
	周期单元尺寸	3.22 nm×3.22 nm×3.22 nm	3.31 nm×3.31 nm×3.31 nm	3.38 nm×3.38 nm×3.38 nm
	主要势能	扭转能＞静电能＞范德瓦耳斯能＞角能＞键伸缩能	扭转能＞角能＞范德瓦耳斯能＞静电能＞键伸缩能	扭转能＞角能＞范德瓦耳斯能＞静电能＞键伸缩能
	聚集态结空间特征	结构相对分散	介于 SFV 与 SFI 之间	结构相对集中
	结合特征	周期性结构单元间交叉重叠部分较少	介于 SFV 与 SFI 之间	周期性结构单元间交叉重叠度高
	表面特征	表面相对平整，起伏程度较小	介于 SFV 与 SFI 之间	表面平整度较低，相对粗糙
	孔隙特征	孔隙相对发达，数量较多，开孔和半封闭孔较发达	介于 SFV 与 SFI 之间	孔隙相对较少，闭孔数量相对较多，孔隙连通性较差
	相对表面积	表面积相对较大	介于 SFV 与 SFI 之间	表面积相对较小

参考文献

[1] 谢和平,王金华,王国法,等.煤炭革命新理念与煤炭科技发展构想[J].煤炭学报,2018,43(5):1187-1197.

[2] 王国法,任世华,庞义辉,等.煤炭工业"十三五"发展成效与"双碳"目标实施路径[J].煤炭科学技术,2021,49(9):1-8.

[3] 孟郅烨,杜颖.十四五规划下环保产业发展趋势研究[J].资源节约与环保,2021(11):140-142.

[4] 张静,秦云虎,王双美,等.东胜矿区水煤浆气流床气化用煤评价指标体系及资源分级[J].中国煤炭,2018,44(6):91-95.

[5] 秦云虎,王双美,张静,等.煤炭地质勘查中煤质评价指标体系建立的现状与展望[J].中国煤炭地质,2017,29(7):1-4.

[6] 李国玲,秦志宏,倪中海.煤岩显微组分的性质研究进展[J].辽宁大学学报(自然科学版),2013,40(1):48-55.

[7] 门东坡,刘文礼,张磊,等.烟煤煤岩组分解离特性及分选研究[J].煤炭工程,2016,48(2):116-119.

[8] 蒋莉.低阶煤显微煤岩组分的粉碎解离特性及浮选试验研究[D].徐州:中国矿业大学,2015.

[9] LIN B Q, ZHA W, LIU T. Experimental study on molecular structure differences between the tectonic coal and primary coal in Pingdingshan Coalfield[J]. Vibrational Spectroscopy,2019,103:102930.

[10] 付艳红,李振,周安宁,等.煤中矿物及显微组分解离特性的MLA研究[J].中国矿业大学学报,2017,46(6):1357-1363.

[11] 尉迟唯,李保庆,李文,等.煤的岩相显微组分对水煤浆性质的影响[J].燃料化学学报,2003,31(5):415-419.

[12] DAI H W. Status of direct coal liquefaction research in China[J]. Energy,1986,11(11/12):1225-1229.

[13] 赵伟.神府煤煤岩组分的改性及其可浮性研究[D].西安:西安科技大学,2010.

[14] 陈洪博,张宇宏.煤岩显微组分的分离与富集研究[J].煤质技术,2012(6):6-9.

[15] 舒新前,王祖讷,葛岭梅.煤岩组分分离与选别的研究现状及前景展望[J].煤炭转化,1996(1):40-45.

[16] 宫亮.神府煤煤岩组分浮选工艺及动力学研究[D].西安:西安科技大学,2013.

[17] DYRKACZ G. Adventures in maceral separation[J]. American Chemical Society Division of Fuel Chemistry,1994,35(1):214-218.

[18] DYRKACZ G R, HORWITZ E P. Separation of coal macerals[J]. Fuel,1982,61(1):3-12.

[19] 国家质量监督检验检疫总局，中国国家标准化管理委员会. 煤的显微组分组和矿物测定方法：GB/T 8899—2013[S]. 北京：中国标准出版社，2014.

[20] 张磊，刘文礼，门东坡. 煤岩显微组分测定方法的研究现状及几点建议[J]. 煤炭工程，2013，45(4)：97-99.

[21] 王越，丁华，武琳琳，等. 煤岩显微组分自动识别技术现状及关键问题分析[J]. 煤质技术，2019(1)：1-4.

[22] DAVIS A，VASTOLA F J. Developments in automated reflectance microscopy of coal [J]. Journal of Microscopy，1977，109(1)：3-12.

[23] DAVIS A，KUEHN K W，MAYLOTTE D H，et al. Mapping of polished coal surfaces by automated reflectance microscopy [J]. Journal of Microscopy，1983，132(3)：297-302.

[24] 佘杰. 基于图像的煤岩识别方法研究[D]. 北京：中国矿业大学(北京)，2014.

[25] 武琳琳. Gamma 设置对煤岩自动测试精度影响的实验研究[J]. 煤质技术，2018(1)：42-44.

[26] 王越，白向飞，张宇宏，等. 煤岩自动测试系统图像灰度与反射率关系研究[J]. 煤炭转化，2014，37(2)：25-27.

[27] RIEPE W，STELLER M. Characterization of coal and coal blends by automatic image analysis[J]. Fuel，1984，63(3)：313-317.

[28] LESTER E，ALLEN M，CLOKE M，et al. An automated image analysis system for major maceral group analysis in coals[J]. Fuel，1994，73(11)：1729-1734.

[29] LESTER E，WATTS D，CLOKE M. A novel automated image analysis method for maceral analysis[J]. Fuel，2002，81(17)：2209-2217.

[30] DAVID P，FERMONT W J J. Determination of coal maceral composition by means of colour image analysis[J]. Fuel Processing Technology，1993，36(1/2/3)：9-15.

[31] 段旭琴，王祖讷，孙春宝. 神府煤显微组分表面性质研究[J]. 中国矿业大学学报，2007，36(5)：630-635.

[32] 谢华，姜志伟，李幼竹. 热重分析法测定煤中树脂体含量[J]. 煤炭科学技术，1996(8)：13-14.

[33] NAIK A S，BEHERA B，SHUKLA U K，et al. Mineralogical studies of Mahanadi basin coals based on FTIR，XRD and microscopy：a geological perspective[J]. Journal of the Geological Society of India，2021，97(9)：1019-1027.

[34] 翁成敏，潘治贵. 峰峰煤田煤的 X 射线衍射分析[J]. 地球科学，1981(1)：214-221.

[35] 宋党育，张晓逵，苏现波，等. 应用 XRD 对煤微晶结构的研究[C]//中国煤炭学会第三届瓦斯地质专业委员会第九次全国学术年会. 2009，8，中国煤炭学会. 北京：67-72.

[36] 张代钧，鲜学福. 煤结构的 X 射线分析[J]. 西安矿业学院学报，1990(3)：42-49.

[37] 姜波，秦勇，金法礼. 高温高压实验变形煤 XRD 结构演化[J]. 煤炭学报，1998(2)：78-83.

[38] 白何领，潘结南，赵艳青，等. 不同变质程度脆性变形煤的 XRD 研究[J]. 煤矿安全，2013，44(11)：12-14.

[39] 周贺，潘结南，李猛，等.不同变质变形煤微晶结构的XRD试验研究[J].河南理工大学学报(自然科学版)，2019，38(1)：26-35.

[40] 王丽，张蓬洲.煤的XRD的结构分析[J].煤炭转化，1997，20(1)：50-53.

[41] 罗陨飞，李文华.中低变质程度煤显微组分大分子结构的XRD研究[J].煤炭学报，2004，29(3)：338-341.

[42] TUINSTRA F，KOENIG J L. Raman spectrum of graphite[J]. The Journal of Chemical Physics，1970，53(3)：1126-1130.

[43] MARQUES M，SUÁREZ-RUIZ I，FLORES D，et al. Correlation between optical，chemical and micro-structural parameters of high-rank coals and graphite[J]. International Journal of Coal Geology，2009，77(3/4)：377-382.

[44] GUEDES A，VALENTIM B，PRIETO A C，et al. Micro-raman spectroscopy of collotelinite，fusinite and macrinite[J]. International Journal of Coal Geology，2010，83(4)：415-422.

[45] 唐志锟，赵泉，周君龙，等.拉曼光谱在快速鉴别煤炭种类中的应用[J].中国口岸科学技术，2021，3(6)：42-48.

[46] 苏现波，司青，宋金星.煤的拉曼光谱特征[J].煤炭学报，2016，41(5)：1197-1202.

[47] 李霞，曾凡桂，王威，等.低中煤级煤结构演化的FTIR表征[J].煤炭学报，2015，40(12)：2900-2908.

[48] PING A，XIA W C，PENG Y L，et al. Construction of bituminous coal vitrinite and inertinite molecular assisted by 13C NMR，FTIR and XPS[J]. Journal of Molecular Structure，2020，1222：128959.

[49] CHEN Y Y，MASTALERZ M，SCHIMMELMANN A. Characterization of chemical functional groups in macerals across different coal ranks via micro-FTIR spectroscopy[J]. International Journal of Coal Geology，2012，104：22-33.

[50] 常海洲，王传格，曾凡桂，等.不同还原程度煤显微组分组表面结构XPS对比分析[J].燃料化学学报，2006，34(4)：389-394.

[51] JIANG J Y，YANG W H，CHENG Y P，et al. Molecular structure characterization of middle-high rank coal via XRD，Raman and FTIR spectroscopy：implications for coalification[J]. Fuel，2019，239：559-572.

[52] 余晓露，白帆，李志明.衰减全反射-显微傅立叶变换红外光谱原位分析煤有机显微组分[J].石油实验地质，2012，34(6)：664-670.

[53] 于春梅，张楠，滕海鹏.FTIR和Raman技术在煤结构分析中的应用研究[J].光谱学与光谱分析，2021，41(7)：2050-2056.

[54] JIANG J Y，ZHANG S，LONGHURST P，et al. Molecular structure characterization of bituminous coal in Northern China via XRD，Raman and FTIR spectroscopy[J]. Spectrochimica Acta Part A，Molecular and Biomolecular Spectroscopy，2021，255：119724.

[55] WU D，LIU G J，SUN R Y，et al. Investigation of structural characteristics of thermally metamorphosed coal by FTIR spectroscopy and X-ray diffraction[J].

Energy & Fuels,2013,27(10):5823-5830.

[56] YUAN L,LIU Q F,MATHEWS J P,et al. Quantifying the structural transitions of Chinese coal to coal-derived natural graphite by XRD, Raman spectroscopy, and HRTEM image analyses[J]. Energy & Fuels,2021,35(3):2335-2346.

[57] 白飞燕,樊民强,杨宏丽,等. 基于X射线衍射的煤炭灰分快速检测方法研究[J]. 选煤技术,2023,51(4):26-32.

[58] 苏现波,司青,王乾. 煤变质演化过程中的XRD响应[J]. 河南理工大学学报(自然科学版),2016,35(4):487-492.

[59] 马汝嘉,张帅,侯丹丹,等. 陕西凤县高煤级煤分子结构模型的构建与结构优化[J]. 煤炭学报,2019,44(6):1827-1835.

[60] GENG W H,NAKAJIMA T,TAKANASHI H,et al. Analysis of carboxyl group in coal and coal aromaticity by Fourier transform infrared (FT-IR) spectrometry[J]. Fuel,2009,88(1):139-144.

[61] 刘大锰. 烃源岩显微组分的显微傅利叶红外光谱研究[J]. 岩石学报,1998,14(2):222-231.

[62] 张怀青,周安宁,李振,等. 神府煤显微组分大分子及聚集态结构模型构建[J]. 中国矿业大学学报,2023,52(4):796-812.

[63] 郭德勇,叶建伟,王启宝,等. 平顶山矿区构造煤傅立叶红外光谱和^{13}C核磁共振研究[J]. 煤炭学报,2016,41(12):3040-3046.

[64] 朱亚明,赵雪飞,高丽娟,等. 煤系针状焦微晶结构的XRD与Raman分峰拟合定量研究[J]. 光谱学与光谱分析,2017,37(6):1919-1924.

[65] 崔馨,严煌,赵培涛. 煤分子结构模型构建及分析方法综述[J]. 中国矿业大学学报,2019,48(4):704-717.

[66] MATHEWS J P,CHAFFEE A L. The molecular representations of coal-A review [J]. Fuel,2012,96:1-14.

[67] MEYERS R A. Coal structure[M]. New York:Academic Press,1982.

[68] 曾凡桂,张通,王三跃,等. 煤超分子结构的概念及其研究途径与方法[J]. 煤炭学报,2005,30(1):85-89.

[69] ZHANG S,WANG Z M,ZHANG X D,et al. Construction of molecular structure model of Tunlan coal and its microscopic physicochemical mechanism[J]. Fuel,2022,308:121936.

[70] JIANG B Y,JI B,YUAN L,et al. Experimental and molecular dynamics simulation study of the ionic liquids' chain-length on wetting of bituminous coal[J]. Energy,2023,283:128507.

[71] QIAN L,TAO C,MA C,et al. Construction of a macromolecular structure model for Zhundong subbituminous coal [J]. Journal of Molecular Structure, 2022,1248:131496.

[72] FENG W,LI Z M,GAO H F,et al. Understanding the molecular structure of HSW coal at atomic level: a comprehensive characterization from combined experimental

and computational study[J]. Green Energy & Environment,2021,6(1):150-159.
[73] HONG D K,LIU L,WANG C B,et al. Construction of a coal char model and its combustion and gasification characteristics:molecular dynamic simulations based on ReaxFF[J]. Fuel,2021,300:120972.
[74] WANG J P,TIAN L,LI G Y,et al. Construction of vitrinite molecular structures based on ^{13}C NMR and FT-IR analysis:fundamental insight into coal thermoplastic properties[J]. Fuel,2021,300:120981.
[75] SI T, HONG D K, LI P, et al. The migration and transformation of sodium carboxylate during Zhundong coal pyrolysis and combustion: a ReaxFF simulation study[J]. Journal of Analytical and Applied Pyrolysis,2021,156:105098.
[76] CHANG H Z,DENG H X,YANG Q,et al. Investigation of the interaction between vitrinite and inertinite of Xinjiang Wucaiwan coal in pyrolysis by ReaxFF molecular dynamics simulation[J]. Fuel Communications,2019,1:100001.
[77] ZHANG X M,WANG S Q,CHEN H,et al. Aromatic structural characterization of different-rank vitrinites: using HRTEM, XRD and AFM[J]. Polycyclic Aromatic Compounds,2021,41(6):1319-1330.
[78] LI K, LIU Q F, HOU D D, et al. Quantitative investigation on the structural characteristics and evolution of high-rank coals from Xinhua,Hunan Province,China [J]. Fuel,2021,289:119945.
[79] 康倩楠,张志强. 基于 HRTEM 的煤分子芳香片层结构表征[J]. 煤炭转化,2017,40(5):1-6.
[80] 张璐,王传格,曾凡桂,等. 不同变质程度煤的 FTIR 和 HRTEM 及 TG 分析[J]. 煤炭转化,2020,43(5):10-17.
[81] ZHANG Y, HU S R, ZHONG Q F, et al. A large-scale molecular model of Fenghuangshan anthracite coal[J]. Fuel,2021,295:120616.
[82] 范晶,李美芬,曾凡桂,等. 聚集态结构热模拟演化特征 HRTEM 分析:以内蒙古伊敏煤为例[J]. 煤炭学报,2021,46(6):1978-1984.
[83] 魏帅,严国超,张志强,等. 晋城无烟煤的分子结构特征分析[J]. 煤炭学报,2018,43(2):555-562.
[84] 王小令,李霞,曾凡桂,等. 基于 HRTEM 的煤中不同聚集态结构表征[J]. 煤炭学报,2020,45(2):749-759.
[85] 赵伟,周安宁,李远刚. 微波辅助磨矿对煤岩组分解离的影响[J]. 煤炭学报,2011,36(1):140-144.
[86] ZHAO W,YANG F S,LI Y G,et al. Influence of microwave treatment under a hydrogen or methane atmosphere on the flotability of the macerals in Shenfu coals [J]. Mining Science and Technology (China),2011,21(6):761-766.
[87] YAN J C,LEI Z P,LI Z K,et al. Molecular structure characterization of low-medium rank coals via XRD,solid state ^{13}C NMR and FTIR spectroscopy[J]. Fuel,2020,268:117038.

[88] 陈丽诗,王岚岚,潘铁英,等. 固体核磁碳结构参数的修正及其在煤结构分析中的应用[J]. 燃料化学学报,2017,45(10):1153-1163.

[89] 何鑫,王文峰,章新喜,等. 低阶煤显微组分含氧官能团的分布特征与差异[J]. 煤炭学报,2021,46(9):2804-2812.

[90] 李梅,杨俊和,张启锋,等. 用 XPS 研究新西兰高硫煤热解过程中氮、硫官能团的转变规律[J]. 燃料化学学报,2013,41(11):1287-1293.

[91] GUO S L,GENG W L,YUAN S J,et al. Understanding the molecular structure of Datong coal by combining experimental and computational study[J]. Journal of Molecular Structure,2023,1279:135035.

[92] TAKANOHASHI T,NAKAMURA K,TERAO Y,et al. Computer simulation of solvent swelling of coal molecules:effect of different solvents[J]. Energy & Fuels,2000,14(2):393-399.

[93] CARLSON G A. Computer simulation of the molecular structure of bituminous coal[J]. Energy & Fuels,1992,6(6):771-778.

[94] 连露露,秦志宏,李春生,等. 煤族组分骨架结构的分子模型构建及分子动力学模拟[J]. 煤炭学报,2021,46(9):2776-2792.

[95] CHANG J,LI Z,FU Y H,et al. Upgrading and quality-classification of inertinite-rich coal from Western China based on maceral separation[J]. Powder Technology,2021,382:48-59.

[96] LI Z,FU Y H,ZHOU A N,et al. Effect of multi-intensification on the liberation of maceral components in coal[J]. Fuel,2019,237:1003-1012.